ACTO DE INVESTIDURA DEL GRADO DE DOCTOR HONORIS CAUSA

ALAN E. GELFAND

Universidad de Zaragoza, 24 de octubre de 2025

Patrocinadores: Departamento de Métodos Estadísticos, Instituto Universitario de Matemáticas y sus Aplicaciones, Sección de Métodos Cuantitativos para la Economía y la Empresa del Departamento de Economía Aplicada, Facultad de Ciencias de la Universidad de Zaragoza, Sociedad Española de Investigación Operativa (Grupo de Inferencia Bayesiana), Red de Investigación Biostatnet, Cátedra Ibercaja de Innovación Bancaria, Cátedra GAMERIN de Mercado Inmobiliario, Proyecto de Investigación PID2023-150234NB-100.

Prensas de la Universidad de Zaragoza
Edificio de Ciencias Geológicas
c/ Pedro Cerbuna, 12 • 50009 Zaragoza, España
Tel.: 976 761 330
puz@unizar.es   http://puz.unizar.es

Impreso en España
Imprime: Servicio de Publicaciones. Universidad de Zaragoza
ISBN 979-13-7014-024-3
Depósito legal: Z 1485-2025

ÍNDICE

Laudatio. Ceremonia de investidura como doctor *honoris causa* de D. Alan E. Gelfand, *Ana C. Cebrián, Gerardo Sanz* 7

Laudatio. Investiture ceremony for Alan E. Gelfand as doctor Honoris Causa, *Ana C. Cebrián, Gerardo Sanz* 15

Ceremonial para la investidura como doctor *honoris causa* por la Universidad de Zaragoza del profesor Alan E. Gelfand 23

El ascenso de la inferencia bayesiana en el siglo XXI, *Alan E. Gelfand* 31

The Rise of Bayesian Inference in the 21st Century, *Alan E. Gelfand* 59

LAUDATIO
CEREMONIA DE INVESTIDURA
COMO DOCTOR *HONORIS CAUSA*
DE D. ALAN E. GELFAND

Con la venia de la Rectora Magnífica de la Universidad
de Zaragoza
Claustro togado
Autoridades
Miembros de la comunidad universitaria
Familiares
Señoras y señores

Es un verdadero honor para el profesor Gerardo Sanz
y para mí apadrinar al profesor Alan E. Gelfand en su
nombramiento como doctor *honoris causa* por la Universidad de Zaragoza. Y no solo para nosotros, sino también
para los tres proponentes: los departamentos de Métodos
Estadísticos y Economía Aplicada y el Instituto Universitario de Matemáticas y sus Aplicaciones, así como para la
Facultad de Ciencias, que también ha apoyado la propuesta de este reconocimiento.

Según el reglamento del nombramiento de los doctores *honoris causa* (HC) de la Universidad de Zaragoza, esta
distinción se otorga a aquellas personas que destacan y
tienen un prestigio excepcional en el campo de la investigación y que son portadoras de valores universales.

Además, se valoran los vínculos del candidato con la Universidad de Zaragoza (UZ). Y, sinceramente, no puedo pensar en una persona que cumpla todos y cada uno de esos requisitos mejor que el profesor Alan E. Gelfand. Para evitar cualquier duda, podemos usar el procedimiento matemático habitual y formularlo en forma de teorema: tenemos tres hipótesis (prestigio internacional, ser portador de valores universales y vinculación con la UZ) y, si demostramos esas hipótesis, obtendremos como conclusión que el profesor Alan E. Gelfand es el candidato perfecto para ser investido doctor HC por la UZ. Y la demostración de esas hipótesis es irrefutable, como se expone a continuación.

Hipótesis 1: Prestigio científico

Tengo que decir que demostrar esta tesis es una tarea sencilla, pero hacerlo en unos pocos minutos es casi imposible, ya que resulta difícil resumir en tan poco tiempo los innumerable méritos y premios de su trayectoria académica; así que lo que sigue es solo un breve resumen de ella.

Nacido en Nueva York, Alan E. Gelfand cursó sus estudios de grado en Matemáticas en el City College of New York. Posteriormente, obtuvo su doctorado en Estadística en la Universidad Stanford, bajo la dirección del profesor Herbert Solomon. Comenzó su carrera docente e investigadora en la Universidad de Connecticut, donde trabajó durante más de treinta años. En 2002, se incorporó a la Universidad Duke, la sexta en el *ranking* de las universidades de Estados Unidos, donde fue nombrado James B. Duke Professor of Statistical Science, la posición académica más prestigiosas de esa institución.

Su nombre está indeleblemente ligado a uno de los hitos más trascendentales en la historia reciente de la Estadística: la introducción y formalización del uso de los métodos de Montecarlo vía cadenas de Márkov (MCMC) en el contexto del análisis bayesiano. En 1990, junto con el profesor Adrian Smith, el profesor Gelfand publicó el artículo «Sampling-Based Approaches to Calculating Marginal Densities», en el *JASA (Journal of the American Statistique Association)*, una de las revistas más prestigiosas de Estadística. Este artículo marcó un punto de inflexión en la inferencia estadística moderna, permitiendo abordar problemas que hasta ese momento eran prácticamente intratables. Lo que antes era teoría, gracias al profesor Alan E. Gelfand, se volvió una técnica útil y aplicable. El *Gibbs sampling*, que ha sido un algoritmo clave desde entonces, se debería llamar *Gelfand's sampling*, como sostienen muchos investigadores bayesianos. Ese artículo ha sido citado más de 10 500 veces.

Desde entonces, ha realizado contribuciones de importancia en múltiples áreas, principalmente modelización jerárquica bayesiana, estadística espacial y modelización espaciotemporal. Su productividad científica es extraordinaria: ha publicado más de 350 artículos en revistas académicas, 10 libros y monografías y ha dirigido decenas de tesis doctorales. Su libro *Hierarchical Modeling and Analysis for Spatial Data*, junto a los profesores Banerjee y Carlin, es considerado una de las «biblias» de la modelización bayesiana y recientemente se ha publicado su tercera edición.

El profesor Alan E. Gelfand ha recibido numerosos reconocimientos internacionales por su investigación, entre los que destacan:

— Samuel Wilks Memorial Award.
— Distinguished Research Medal from ASA Section on Statistics and the Environment.
— Elected Fellowship del International Statistical Institute (IMS), la American Statistical Association

9

(ASA) y la International Society for Bayesian Analysis (ISBA).

— Presidente electo del ISBA.

— Chernoff Excellence Statistic Award.

Ha sido reconocido como uno de los 10 científicos matemáticos más citados del mundo en el período 1991-2001 *(Tenth Most Cited Mathematical Scientist in the World 1991-2001, Science Watch)* y se encuentra entre los mejores matemáticos del mundo en el *ranking* de la tercera edición de Research.com. Es importante insistir en que esto solo es un breve resumen de su extensa lista de premios y distinciones.

Hipótesis 2: Portador de valores universales

Como hemos establecido, la investigación del profesor Alan E. Gelfand ha contribuido de forma esencial a los fundamentos teóricos del análisis bayesiano, pero su influencia va más allá. Ha dedicado una parte importante de su trabajo a desarrollar aplicaciones, utilizando técnicas bayesianas, para dar respuesta a problemas de interés para la sociedad, especialmente en ciencias medioambientales, salud, estudios de polución y biodiversidad; también ha trabajado en aplicaciones climáticas, desarrollando modelos de gran utilidad en la monitorización del cambio climático. No hay ninguna duda de que su investigación ha ayudado a mejorar la sociedad y el mundo en el que vivimos.

Otra evidencia de sus valores universales es su implicación y generosidad en la formación de nuevos investigadores y sus colaboraciones con múltiples grupos de investigación. Ha dirigido más de 35 tesis doctorales y, en palabras de uno de ellos, el profesor Alan E. Gelfand representa el modelo perfecto de un director de tesis.

10

También ha establecido colaboraciones de investigación en todo el mundo, y todo ello con una generosidad que ha creado no solo relaciones profesionales, sino también de amistad duradera. Una muestra de ello es que hoy tenemos aquí a muchos investigadores en estadística bayesiana de primera línea internacional que han venido desde distintos puntos de España, desde Roma, Milán, Southampton e incluso del otro lado del Atlántico: desde Washington, Texas, California y Carolina del Norte. Todos ellos están hoy aquí en Zaragoza, para celebrar con él este nombramiento. Esto es una prueba irrefutable del gran impacto que Alan ha tenido en todos ellos, como investigador y como persona.

Hipótesis 3: Vinculación con la Universidad de Zaragoza

La colaboración del profesor Alan E. Gelfand con la UZ comenzó en 2012, primero con los profesores Manuel Salvador, María Asunción Beamonte y Pilar Gargallo, del Departamento de Economía Aplicada y, poco después, con profesores de la Facultad de Ciencias. En particular, desde 2014, ha formado parte del grupo Modelos Estocásticos, dirigido por el profesor Gerardo Sanz, gracias a la profesora María Asunción Beamonte, que lo introdujo en el grupo. Dentro de este marco, el profesor Alan E. Gelfand también ha formado parte del equipo de trabajo en cinco proyectos con financiación nacional. Su influencia en la UZ es indudable. Dennis Lindley, uno de los grandes promotores del «bayesianismo» en el siglo xx dijo: «Inside every non-Bayesian there is a Bayesian struggling to get out». Sin duda, el profesor Alan E. Gelfand ha sacado al bayesiano que muchos de los profesores de Estadística de esta universidad, entre quienes me incluyo, llevábamos dentro. El resultado es que, gracias a su influencia, en este momento hay un nodo importante de estadísticos bayesianos en la Universidad de Zaragoza.

Respecto a la proyección de la UZ, en todos los proyectos en los que ha colaborado con la UZ, el profesor Alan E. Gelfand ha trabajado con datos españoles y con frecuencia de Aragón, de forma que tanto en sus publicaciones como en sus numerosas conferencias invitadas ha llevado el nombre de nuestra comunidad y de la UZ por todo el mundo.

También ha posibilitado que varios profesores de la UZ realicen estancias de investigación en Duke y él visita regularmente la UZ. Y, en este punto, tengo que expresar el honor y el placer que es trabajar con Alan, y estoy segura de que Jesús Asín, Jorge Castillo y otros investigadores presentes aquí hoy coincidirán conmigo. En todas y cada una de las reuniones que tenemos con él aprendemos algo; en las discusiones de trabajo, siempre surgen ideas interesantes, naturalmente las planteadas por él, pero incluso diría que, con su presencia, hace surgir mejores ideas del resto del equipo; el *Zaragoza team,* como él nos llama. Además, consigue un ambiente de trabajo en equipo, donde todas las ideas se escuchan y se consideran, sin establecer jerarquías, que él, por su posición, podría establecer. Esta accesibilidad y humildad, a pesar de sus innumerables méritos, hace que, a veces, sea fácil olvidar el privilegio que es trabajar con uno de los matemáticos actuales más importantes a nivel mundial. Por eso, a veces es necesario que otros nos lo señalen. Recuerdo que, después del primer artículo que publicamos con él, un profesor de otra universidad me felicitó por esa publicación y le dije: «Sí, estamos muy contentos: es el primer artículo que publicamos en la *JRSS*», una revista muy prestigiosa, y él contestó: «En realidad, no te felicitaba por la revista, sino por haber publicado con Alan Gelfand». Y tenía razón: el verdadero honor de ese trabajo era haber trabajado con Alan. Y lo sigue siendo: en cada proyecto en que colaboramos, es un privilegio trabajar con él.

Con todo esto, han quedado demostradas sin ninguna duda las tres hipótesis necesarias para obtener la conclusión que queríamos enunciar: que el profesor Alan E. Gelfand es el candidato perfecto para ser doctor HC por la Universidad de Zaragoza.

Y, por todo ello, solo podemos finalizar esta *laudatio*, querido profesor Alan E. Gelfand, diciendo gracias:

— Gracias por sus valiosas contribuciones a la Ciencia, a las Matemáticas, a la Estadística y al Análisis Bayesiano.

— Gracias por su apoyo y generosidad con nosotros, con el grupo de Modelos Estocásticos y con toda la Universidad de Zaragoza.

— Gracias por aceptar su nombramiento como doctor HC por la Universidad de Zaragoza, en señal de reconocimiento a sus contribuciones.

En definitiva, querido profesor Alan E. Gelfand, sea muy bienvenido como nuevo *ilustrado* de esta nuestra universidad, desde ahora también su universidad.

Ana C. CEBRIÁN
Gerardo SANZ

LAUDATIO
INVESTITURE CEREMONY
FOR ALAN E. GELFAND
AS DOCTOR HONORIS CAUSA

It is a great honor for Professor Gerardo Sanz and for me to sponsor Professor Alan E. Gelfand on the occasion of his appointment as Doctor Honoris Causa by the University of Zaragoza. It is also an honor for the three proposing bodies, the Departments of Statistical Methods and Applied Economics, and the University Institute of Mathematics and its Applications, as well as for the Faculty of Sciences, which has also supported the proposal for this recognition.

According to the regulations governing the awarding of the Doctor Honoris Causa (HC) degree by the University of Zaragoza, this distinction is conferred upon individuals who have achieved exceptional prestige in research and who embody universal values. In addition, the candidate's connection with the University of Zaragoza is also considered. And, honestly, I cannot think of anyone who fulfills each and every one of these requirements better than Professor Alan E. Gelfand.

To avoid any doubt, we can follow the usual mathematical procedure, and formulate this as a theorem: we have three hypotheses, international prestige in research, embodiment of universal values, and close connection with the University of Zaragoza, and if we demonstrate these hypotheses, we reach the conclusion that Professor Alan E. Gelfand is the perfect candidate to be awarded doctor HC by the University of Zaragoza. The demonstration of these hypotheses is irrefutable, as I will now show.

Hypothesis 1: Scientific prestige

I must say that proving this thesis is very easy; however, doing so in just a few minutes is almost impossible, since it is difficult to summarize in such a short time the innumerable merits and awards of his academic career. Therefore, what follows is only a brief overview.

Born in New York, Alan E. Gelfand earned his undergraduate degree in Mathematics at the City College of New York. He obtained his Ph.D. in Statistics from Stanford University under the supervision of Professor Herbert Solomon. He began his career at the University of Connecticut, where he worked for more than thirty years. In 2002, he joined Duke University, ranked sixth among U.S. universities, where he was appointed James B. Duke Professor of Statistical Science, the most prestigious academic position at that institution.

His name will forever be linked to one of the most significant milestones in recent statistical history: the formalization of the use of Monte Carlo methods via Markov Chains (MCMC) in the context of Bayesian analysis. In 1990, together with Professor Adrian Smith,

Professor Alan E. Gelfand published the article «Sampling-Based Approaches to Calculating Marginal Densities» in the *Journal of the American Statistical Association (JASA),* one of the most prestigious journals in the field. This article marked a turning point in modern statistical inference, as it made it possible to tackle problems that had previously been virtually intractable. What had been purely theoretical, thanks to Professor Alan E. Gelfand, became a practical, applicable and useful technique. Gibbs sampling, which has been a key algorithm in Bayesian research ever since, should be referred to as «Gelfand's sampling», as some researchers say. That article has been cited more than 10,500 times.

Since then, he has made significant contributions to multiple areas, most notably Bayesian hierarchical modeling, spatial statistics, and spatio-temporal modeling. His scientific productivity is extraordinary: he has published more than 350 articles in academic journals, 10 books and monographs, and supervised dozens of doctoral thesis. His work has been widely cited, and his influence has been fundamental in the expansion of Bayesian analysis. His book *Hierarchical Modeling and Analysis for Spatial Data,* co-authored with Professors Banerjee and Carlin, is considered one of the «Bibles» of Bayesian modeling, and they have recently published its third edition.

Professor Alan E. Gelfand has received numerous international distinctions for his research, to name just a few:

— Samuel Wilks Memorial Award.
— Distinguished Research Medal from ASA Section on Statistics and the Environment.
— Elected Fellowship of the International Statistical Institute (IMS), the American Statistical Association

(ASA) and the International Society for Bayesian Analysis (ISBA).
— Elected President of ISBA.
— Chernoff Excellence Statistic Award.

He was recognized as the Tenth Most Cited Mathematical Scientist in the World for the period 1991-2001 *(Science Watch)* and currently ranks among the world's top mathematicians in the 3rd edition of the Research.com rankings. Please note that this is only a brief overview, as his list of awards and distinctions is extensive.

Hypothesis 2: Embodiment of universal values

As we have just established, Professor Alan E. Gelfand's research has made an essential contribution to the theoretical foundations of Bayesian analysis, but his influence and work extend well beyond this area. He has devoted an important part of his work to developing applications, using Bayesian techniques, to address problems of social interest, especially in environmental sciences, health, pollution studies, and biodiversity; he has also worked on climate applications, developing models of great utility in monitoring climate change. There is no doubt that his research has helped to improve the world and the society where we live.

His universal values are further reflected in his generous commitment to mentoring young researchers and his extensive collaborations with diverse research groups. He has supervised more than 35 doctoral students, and, in the words of one of them, he is what might be regarded as the definitive model of a thesis advisor. He has also established research collaborations across the world and all this with a generosity that has fostered not only professional relationships, but also lasting friendships. Proof of this is the presence here today of many leading international Bayesian statisticians, who have traveled from various parts of Spain, as well as from Rome, Milan, Southampton, and even across the Atlantic from Washington, Texas, California, and North Carolina. All are gathered here in Zaragoza today to celebrate with him the conferral of his degree. This is irrefutable evidence of the great impact Alan has had on all of them, both as a researcher and as a person.

Hypothesis 3: Connection with the University of Zaragoza

Professor Alan E. Gelfand's collaboration with the University of Zaragoza began in 2012, first with Professors Manuel Salvador, María Asunción Beamonte and Pilar Gargallo from the Economía Aplicada Department, and thereafter with the Faculty of Science. Since 2014, he has been part of the Grupo Modelos Estocásticos, led by Professor Gerardo Sanz, thanks to Professor María Asunción Beamonte, who introduced him to the group. Within this framework, Professor Alan E. Gelfand has been part of the working team in five nationally funded projects. His influence on this university is undeniable. Dennis Lindley, one of the great promoters of Bayesianism in the 20th century, once said: «Inside every non-Bayesian there is a Bayesian struggling to get out». Without a doubt, Professor Alan E. Gelfand has brought out the Bayesian in many researchers at University of Zaragoza, including myself of course. The result is that, thanks to his influence, there is now a significant node of Bayesian statisticians at this university.

Regarding the university's projection abroad, all of Professor Alan E. Gelfand's collaborations with the University of Zaragoza have used Spanish data, often from Aragón, so that through his numerous publications and keynote talks, he has promoted both the region and the university worldwide.

He has also facilitated research stays at Duke for UZ professors, and he visits regularly our university. At this point, I must express the honor and pleasure it is to work with Alan, and I am sure that Jesús Asín, Jorge Castillo, and other researchers here today will agree with me. In each and every meeting with him, we learn something; in our work discussions, new ideas always emerge, proposed by him, and I would even say that his presence sparks better ideas from the rest of the team, the «Zaragoza team» as he calls us. Moreover, he fosters a collaborative environment where all ideas are heard and valued, not imposing hierarchies, even though his position would certainly allow it. This accessibility and humility, despite his many achievements, makes it easy to forget what an honor and privilege it is to work with one of the world's leading mathematicians. It is therefore valuable to be reminded of this by others. I recall that after publishing our first article with him, a professor from another university congratulated me on that publication, and I said: «Yes, we are very happy, it's my first article in *JRSS*», a prestigious journal. And he replied: «Actually, I wasn't congratulating you for that, but for having published with Alan Gelfand». And he was right, the true honor of that work was having worked with Alan. And it remains so, in every project we undertake together, it is a privilege for us to work with him.

With all this, we have proven beyond any doubt the three hypotheses necessary to reach the conclusion we wanted to demonstrate: that Professor Alan E. Gelfand is the perfect candidate to be awarded Doctor HC by the University of Zaragoza.

Thus, we can only conclude this *laudatio,* dear Professor Alan E. Gelfand, by saying thank you:

— Thank you for your valuable contributions to Science, to Mathematics, to Statistics, and to Bayesian analysis.

— Thank you for your support and generosity toward us, toward the Modelos Estocásticos Group, and toward the entire University of Zaragoza.

— Thank you for accepting your appointment as Doctor Honoris Causa by the University of Zaragoza, as a token of recognition for your contributions.

In short, dear Professor Alan E. Gelfand, we warmly welcome you as a new *ilustrado* of our University, which from now on is also your University.

Ana C. CEBRIÁN
Gerardo SANZ

CEREMONIAL

Para la investidura
como doctor *honoris causa*
por la Universidad de Zaragoza
del profesor

ALAN E. GELFAND

Serán sus padrinos académicos los profesores doctores:
Ana C. Cebrián
Gerardo Sanz

Los componentes de la comitiva académica ocupan los lugares reservados a ellos en el estrado (el candidato se habrá quedado fuera del salón Paraninfo). Tras el *Veni Creator*, que se escucha en pie y con la cabeza descubierta, la Rectora dice:

— *Sedete et tegite caput.*

    (Sentaos y cubríos)

La Rectora ordena al secretario general la lectura del acuerdo por el que se propone la concesión del Grado honorífico.

— *Lege Studii Generalis Civitatis Caesaraugustanae senatus-consultum.*

    (Lee el Acuerdo del Consejo de Gobierno de la Universidad de Zaragoza)

Realizada la lectura, la Rectora ordena a los padrinos:

— *Ite arcessite candidatum.*

    (Id a buscar al candidato)

Los padrinos, precedidos por los maceros, van a buscar al candidato. Acude este, destocado, acompañado de sus padrinos, y saluda a la Presidencia con una inclinación de cabeza en el momento en que es nombrado por el secretario general. Repite el saludo al Claustro y se sitúan, en pie, junto a su sitio en el estrado.

Finalizada la presentación, les dice la Rectora:

— *Sedete.*

(Sentaos)

Y, dirigiéndose a los padrinos:

— *Pronuntietur a patronis laus candidati.*

(Hágase por los padrinos el elogio del candidato)

La profesora de la Facultad de Ciencias Ana C. Cebrián ocupará la Cátedra y pronunciará el elogio del candidato.

Finalizado el elogio, la Rectora dice al Claustro y a los presentes:

— *Levate.*

(Levantaos)

Y pregunta al Claustro:

— *Conceditisne ut Alan E. Gelfand Honoris Causa munia doctoris induatur?*

(¿Estáis de acuerdo con que Alan E. Gelfand sea revestido con los atributos doctorales *honoris causa?*)

El Claustro responde:

— *Concedimus.*

(Lo estamos)

La Rectora dice al candidato:

— *Auctoritate mihi concessa legibus Regni et Studii Generalis Civitatis Caesaraugustanae, tibi confero Gradum Doctoris*

Honoris Causa. Patroni insignibus doctoralibus te vestient et eorum significationem explicabunt.

(Por la autoridad que me otorgan las leyes del Reino y de la Universidad de Zaragoza, te confiero el grado de doctor *honoris causa*. Tus padrinos te investirán con las insignias doctorales y te explicarán su significado)

Y advierte a los presentes:

— *Sedete.*

(Sentaos)

Los padrinos y el candidato se disponen para la investidura, saludando con una inclinación de cabeza a la Presidencia.

La madrina principal muestra a su candidato el birrete, mientras dice:

— *Accipe pileum quo non solum splendore ceteros praecedas, sed quo etiam tamquam Minervae casside ad certamen munitior sis.*

(Recibe el birrete no solo para que sobresalgas de entre los demás, sino también para que estés mejor protegido en el combate, como con el casco de Minerva)

Le impone el birrete.

Mostrándole el libro abierto, dicen (los dos padrinos):

— *En librum apertum ut scientiarum arcana reseres.*

(He aquí el libro abierto, para que accedas a los secretos de las ciencias)

Mostrándoselo cerrado, dicen:

— *En clausum ut eadem prout oporteat intimo pectore custodias.*

(Helo cerrado, para que, según proceda, lo guardes en lo profundo del corazón)

Se lo entregan diciendo:

— *Do tibi facultatem legendi, intelligendi et interpretandi.*

(Te doy la facultad de enseñar, de comprender y de interpretar)

Padrinos y candidato se abrazan, vuelven a sus lugares y permanecen en pie.

Terminada la investidura del candidato, la Rectora dice a los restantes:

— *Levate.*

(Levantaos)

Y dice al secretario general:

— *Lege promissum novo doctori.*

(Lee el juramento al nuevo doctor)

El secretario general, mostrando los Estatutos de la Universidad de Zaragoza, pregunta al candidato:

— *Promittis observare et adimplere omnia et singula quae sequuntur?*

(¿Prometes observar y cumplir todas y cada una de las cosas que siguen?)

El candidato responde:

— *Sic promitto et sic volo.*

(Así prometo y quiero)

Y sigue el secretario general:

— *Primo, semper et ubicumque fueris, iura et privilegia, honorem Studii Generalis Civitatis Caesaraugustanae conservabis et semper id iuvabis, favorem, auxilium et consilium praestabis in factis et negotiis universitatis quotiens fueris requisitus?*

(Y, en primer lugar, siempre y doquier estuvieras, ¿guardarás siempre los derechos y privilegios y el honor de la Universidad de Zaragoza y la ayudarás siempre y le prestarás tu concurso, apoyo y consejo en los asuntos y negocios universitarios tantas veces cuantas fueras requerido?)

El doctorando contesta:

— *Sic promitto et sic volo.*

(Así prometo y quiero)

La Rectora añade:

— *Accipio promissum vostrum. Studium Generale Civitatis Caesaraugustanae testis est et iudex erit si fidem decederes.*

(Recibo tu promesa, la Universidad de Zaragoza es testigo y será juez si faltaras al compromiso)

El secretario general nombra al nuevo doctor, que se acerca a la Mesa Presidencial para que la Rectora le imponga la Medalla y le entregue el Título.

Vuelve a su sitio en el estrado.

A continuación, la Rectora dice:

— *Sedete.*

(Sentaos)

La Rectora da la palabra al nuevo doctor.

— *Puede ocupar la Cátedra el Doctor Alan E. Gelfand.*

El doctor *honoris causa,* acompañado por sus padrinos, ocupa la Cátedra y pronuncia su discurso.

Al finalizar la intervención del nuevo doctor, la Sra. Rectora Magnífica toma la palabra.

Terminado su discurso, la Rectora dice:

— *Pongámonos en pie para entonar el* Gaudeamus Igitur.

Terminado el *Gaudeamus Igitur,* la Rectora clausura el acto.

EL ASCENSO DE LA INFERENCIA BAYESIANA EN EL SIGLO XXI

ALAN E. GELFAND

Rectora Magnífica de la Universidad de Zaragoza
Miembros del equipo rectoral y del Claustro
Distinguidos doctores
Señoras y señores

1. Introducción

Déjenme empezar agradeciendo a la profesora Ana Carmen Cebrián y al profesor Gerardo Sanz Saiz que me hayan propuesto para este honor tan excepcional y, también, por todo el esfuerzo que han puesto en ello. También quisiera dar las gracias a mi esposa, la profesora María Asunción Beamonte, quien no solo ha sido una colaboradora en el aspecto investigador, sino que también me ha ayudado a establecer las relaciones en el mundo investigador que tengo en esta estimada institución. Por último, permítanme extender mi agradecimiento al profesor Jesús Asín y al profesor Jorge Castillo Mateo, miembros integrantes de nuestro exitoso equipo investigador en el Departamento de Métodos Estadísticos. Todos vosotros me habéis ayudado a comenzar esta muy especial parte de mi carrera investigadora, aquí en la Universidad de Zaragoza. Al final de este discurso de aceptación, ofreceré más detalles acerca de cuán satisfactorio ha sido este período de más de diez años.

¿De qué trata este discurso? Reconozco que solamente una pequeña parte de esta audiencia es conocedora del campo de la estadística, mucho menos del paradigma de la inferencia en estadística bayesiana y su reciente evolución. Mi discurso se presentará a un nivel accesible para seguir el camino de su evolución. Para quienes ya son conocedores, por favor, disculpen mi evidentemente subjetivo punto de vista, que va a reflejar mi sesgo y, al mismo tiempo, me excuso de antemano por cualquier desafortunada omisión.

Todo el mundo ha estado expuesto a la estadística, a veces de forma negativa, quizá refiriéndose a esta como *estasadística*.[1] Todo el mundo es consciente de los abusos que se han cometido en nombre de la estadística. No obstante, la estadística se ha convertido en un campo esencial para la comunidad investigadora en todas las áreas de la investigación científica. En estos tiempos, raramente basta con inferir conclusiones sin el soporte de datos. Además, cada vez se recogen más y más datos y todos estamos familiarizados con las expresiones *ciencia de datos* y *grandes bases de datos*.[2] Para una determinada área de la investigación, el papel de los estadísticos es facilitar la extracción de los resultados más potentes que sea posible, a partir de los datos que se han recogido. Y, de nuevo, con cantidades masivas de datos, este papel es cada vez más crítico y vital. La estadística no es un campo glamuroso. Habitualmente, los estadísticos hacen su trabajo en la sombra, en segundo plano, con hallazgos que son presen-

---

1 En el idioma original (inglés), *Sadistics*.
2 En inglés, *Data Science* y *Big Data*, respectivamente.

tados por los especialistas en la investigación del campo que se trate. Sin embargo, hay una frase famosa atribuida a John Tukey, uno de los más reconocidos estadísticos de la segunda mitad del siglo XX: «Los estadísticos trabajan en el patio trasero de todo el mundo».

La contribución del pensamiento y análisis estadísticos se ha manifestado de manera sustancial en investigaciones importantes en áreas tales como la medicina, los productos farmacéuticos, los negocios y la economía, las ciencias sociales y la psicología, los procesos medioambientales y ecológicos, la ingeniería y las ciencias naturales. Los tipos de problemas abarcados son la comparación de poblaciones, el diseño de experimentos, la asociación, la regresión y la causalidad, los datos de series temporales y la recopilación secuencial de datos, los datos multivariantes y, los más queridos para mí, los datos espaciales y espaciotemporales.

2. El paradigma bayesiano

¿Dónde encaja la inferencia bayesiana en este panorama? Retrocedamos un poco para intentar explicar qué es la «inferencia bayesiana» y en qué se diferencia de lo que suele denominarse «inferencia clásica» o «frecuentista». El origen de la inferencia bayesiana se remonta al reverendo Thomas Bayes, ministro presbiteriano inglés, además de estadístico y filósofo. En particular, lo que se conoce como el «teorema o regla de Bayes» se desarrolló en la década de 1750, pero apareció impreso por primera vez en 1763, gracias a Richard Price, amigo de Bayes. Por lo tanto, no es tan antiguo como esta eminente institución, pero sí lo es en el firmamento estadístico.

Bayes pensaba en términos de probabilidades y, en particular, en la idea de las probabilidades condicionadas.

En su forma más simple, dados dos eventos relacionados, ¿cómo cambia la probabilidad de que ocurra uno si el otro ya ha ocurrido? Permítanme ofrecer un ejemplo elemental. Supongamos que tenemos una baraja de 52 cartas: 13 picas, 13 corazones, 13 diamantes y 13 tréboles. Supongamos que sacamos una carta al azar, pero no la miramos. ¿Cuál es la probabilidad de que sea una pica (suceso A)? Respondemos inmediatamente 1/4. Sin embargo, supongamos que sacamos una segunda carta de la baraja. La observamos y es una pica: suceso B. Podemos preguntarnos de nuevo cuál es la probabilidad de que la primera carta sea una pica. ¿Esta nueva información ha cambiado la probabilidad? De ser así, ¿cuál es la respuesta correcta?

Buscamos $P(A \mid B)$. Esta notación significa la probabilidad de que ocurra el suceso A, dado que ocurrió el suceso B. Bayes observó que podríamos calcular:

$$P(A \mid B) = P(B \mid A)\, P(A)\, /\, P(B),$$

ya que

$$P(A \mid B)\, P(B) = P(B \mid A)\, P(A) = P(A\, \&\, B).$$

Además,

$$P(B) = P(B\, \&\, A) + P(B\, \&\, \text{no } A).$$

Entonces, directamente:

$$P(A/B) = \frac{(12/51) \times (1/4)}{(12/51) \times (1/4) + (13/51) \times (3/4)} = 12/51$$

¿Cómo se convirtió un cálculo de probabilidad tan simple en un paradigma de inferencia? Supongamos que reemplazamos A y B por las variables aleatorias X e Y. Entonces, obtenemos

$$f(X \mid Y) = f(Y \mid X)\, f(X)\, /\, f(Y);$$

es decir, la distribución de la variable *X* dada la variable *Y*. Yendo un paso más allá, supongamos que consideramos *Y* como los datos que hemos observado y *X* como lo que desconocemos sobre la distribución de los datos. Entonces, obtenemos:

$$f(desconocidos \mid datos) =$$
$$f(datos \mid desconocidos)\, f(desconocidos)\, /\, f(datos) \propto^{3}$$
$$f(datos \mid desconocidos)\, f(desconocidos)^{4,\,5}$$

La proporcionalidad surge porque el término del denominador en la línea central —*f(datos)*— no depende de *desconocidos*. Lo que vemos en esta ecuación, esta especificación del modelo, es un mecanismo tal que el primer término de la igualdad nos permite aprender/inferir sobre **lo que no conocemos a partir de lo que hemos observado**. Esta es la esencia de la inferencia bayesiana. De hecho, parece completamente natural; es nuestra forma de vivir la vida empíricamente. ¡Tomamos decisiones basándonos en lo que hemos visto!

Además, supongamos que escribimos esa ecuación en la forma:

$$f(datos\ \&\ desconocidos) =$$
$$f(datos \mid desconocidos)\, f(desconocidos) =$$
$$f(desconocidos \mid datos)\, f(datos)$$

Desde el término en la primera línea, vemos que se proporciona una especificación para la aleatoriedad conjunta de lo que desconocemos y lo que observamos. La forma central es lo que podríamos llamar *generativa*. Des-

---

3 El símbolo $\propto$ indica proporcionalidad.

4 *Desconocidos* en el idioma original (inglés) es *unknowns*.

5 Expresión original en inglés: $f(unknowns \mid data) = f(data \mid unknowns)$ $f(unknowns)\, /\, f(data) \propto f(data \mid unknowns)\, f(unknowns)$.

cribe cómo, por ejemplo, la Madre Naturaleza, o su deidad favorita, elige una realización aleatoria de lo que desconocemos. Entonces, lo que vemos, como datos, es una realización aleatoria dados los *desconocidos* que fueron elegidos. La parte de la línea inferior es *inferencial*. Muestra la revisión de nuestras creencias, proporcionando una distribución para clarificar cómo actualizamos la inferencia sobre lo que desconocemos, dado lo que hemos visto. El último término, $f(datos)$, no se tratará aquí, pero, conceptualmente, nos permite ver cómo de buena es nuestra especificación del modelo y compararla con otras modelizaciones con especificaciones diferentes.

Quizá se pregunten cuál es el enfoque clásico o frecuentista para la inferencia. El enfoque clásico, o al menos un enfoque clásico sensato, solo considera $f(datos \mid desconocidos)$, la llamada «verosimilitud»; es decir, intenta encontrar valores de los *desconocidos* que con mayor probabilidad hayan generado los datos que se han observado. ¿No parece que este razonamiento va en la dirección contraria? **Se pide que se investigue lo que se podría haber visto dado lo que se desconoce.** Sin embargo, este paradigma dominó la relativamente joven disciplina de la inferencia estadística durante prácticamente todo el siglo XX, desde los padres fundadores de la materia, como R. A. Fisher, junto con, quizá, Karl Pearson, Jerzy Neyman, David Cox, C. R. Rao y P. C. Mahalanobis. Incluso hoy día sigue dominándola.

En el contexto del análisis de datos con un modelo dado, habitualmente existen dos tipos de *desconocidos* con diferentes objetivos de inferencia. Un tipo de *desconocidos* se denominan generalmente «parámetros» y la inferencia asociada se denomina «estimación». Los parámetros son cantidades artificiales incorporadas a un modelo explicativo, como, por ejemplo, los coeficientes de un modelo de regresión. No son reales, sino constructos que proporcionan un mecanismo para capturar la explicación del modelo. Para diferentes especificaciones del modelo, no significan lo mismo ni son comparables. Esto no pretende restarle valor a la estimación de parámetros, sino aclarar su función. El otro tipo de *desconocidos* es una posible observación no recopilada, pero sobre la que se desea inferir. La inferencia asociada se denomina «predicción». Estos *desconocidos* son cantidades reales que toman valores en el espacio de los datos. La predicción de una temperatura, el valor de una propiedad, el peso al nacer, etc., significan lo mismo independientemente del modelo elegido; por lo tanto, los modelos pueden compararse directamente en términos de rendimiento predictivo. El uso de la predicción en el análisis de datos moderno es de vital importancia.

Vale la pena añadir algunas palabras más sobre la diferencia entre el enfoque clásico y el enfoque bayesiano. El enfoque clásico suele limitar al analista de datos a observar algunas características de $f(datos \, / \, desconocidos)$, a calcular estadísticos como funciones de los datos y a utilizarlos para comprender los *desconocidos* en la verosimilitud. ¿Qué estadísticos emplearemos y cómo? ¿Qué sucede si tenemos varias opciones de estadísticos para utilizar? Sus distribuciones dependen de los *desconocidos* y, excepto en casos simples, no suelen estar disponibles explícitamente. ¿Y qué sucede si no existen estadísticos propuestos en la bibliografía que podamos usar?

En cualquier caso, habitualmente se recurre a resultados asintóticos para obtener una distribución aproximada de los estadísticos disponibles. ¿Cómo sabemos cuándo estas aproximaciones asintóticas son suficientemente buenas y cuándo son adecuadas? Estas aproximaciones dependen de datos que nunca observaremos. Más bien tenemos los datos que tenemos; nunca podremos tener una cantidad infinita de datos, por lo que, cuando adoptamos esta aproximación, no sabemos cómo de bien lo estamos haciendo. Además, incluso en el mejor de los casos, la inferencia frecuentista es limitada. Podríamos obtener una buena estimación puntual, así como algún tipo de estimación por intervalo y cierta medida de la incertidumbre para esta cantidad desconocida, pero hasta allí nos lleva la inferencia clásica.

Por el contrario, la inferencia bayesiana proporciona una distribución completa, la denominada «distribución *a posteriori*» para cualquier *desconocido*. Esto es lo mejor que se podría esperar, ya que toda la inferencia estará disponible. Podemos obtener estimaciones puntuales para los *desconocidos;* por ejemplo, la media, la mediana o la moda. Podemos obtener estimaciones de incertidumbre, por ejemplo, para varianzas o rangos. También podemos proporcionar cualquier afirmación de probabilidad que deseemos con respecto a los *desconocidos;* por ejemplo, la probabilidad *a posteriori* de que se encuentre en un conjunto específico. Lo más importante es que esta inferencia es exacta. Bajo el modelo que hemos especificado, se proporciona con la precisión y exactitud adecuadas. No hay dependencia de resultados asintóticos ni de los datos futuros que se puedan recoger. ¡Y no presenta la incomodidad de depender de resultados asintóticos!

¿Por qué la inferencia bayesiana no surgió como el paradigma dominante? ¿Por qué se ignoró, en general, hasta prácticamente la última parte del siglo xx? La respuesta inmediata es la necesidad de especificar *f*(*desconocidos*) la distribución de lo que desconocemos, lo que se denomina distribución *a priori*. Dado que diferentes personas podrían ofrecer diferentes versiones de *f*(*desconocidos*), surgirían diferentes inferencias *a posteriori*. La inferencia se vuelve subjetiva. ¿Cómo podemos informar con seguridad sobre resultados que dependen de la distribución *a priori* que elegimos? Además, a medida que el proceso que estamos estudiando se vuelve más complejo, la dimensión del espacio de *desconocidos* se hace cada vez mayor. La dimensión de la distribución *a priori* se vuelve muy grande. Podría parecer que la sensibilidad a la especificación de la distribución *a priori* es un desafío imposible. De hecho, con esta subjetividad, una crítica insistente al análisis de datos bayesiano es: ¿cómo puede ser considerada una buena ciencia?

Si bien es cierto que la necesidad de adoptar una distribución *a priori* hace que la inferencia bayesiana sea inherentemente subjetiva, esto no tiene por qué ser un desafío práctico serio. En algunos casos, podemos tener información útil sobre los *desconocidos* que podemos incorporar a la especificación *a priori*. Esta información puede surgir del conocimiento previo sobre el proceso en estudio, como, por ejemplo, no adoptar distribuciones *a priori* que tenderían a generar datos poco realistas. Alternativamente, quizá los datos *a priori* recopilados sobre el proceso hayan revelado dónde es probable que se encuentren los *desconocidos* antes de analizar los nuevos datos. Otra posibilidad es la obtención de distribuciones *a priori;* es decir, un procedimiento diseñado para utilizar expertos que ayuden a proporcionar estas distribuciones *a priori* adecuadamente informativas.

Sin embargo, en el siglo XXI, estos enfoques ya no se suelen utilizar. En su lugar, preferimos dejar que «los datos hablen por sí mismos». Adoptamos las llamadas *a priori* débiles, vagas y no informativas para que los datos dominen la inferencia en la distribución *a posteriori*. Diferentes modelizadores pueden preferir/sentirse cómodos con diferentes opciones de estas distribuciones *a priori* débiles y, en este sentido, es responsabilidad del analista bayesiano de datos implementar algún análisis de sensibilidad de estas distribuciones *a priori*. No pretendo ser superficial en este sentido; sin embargo, al aplicarlos a conjuntos de datos muy grandes, el número de parámetros aumenta. Por lo tanto, implementar dicho análisis se vuelve muy exigente y, por lo general, revela poca sensibilidad en la inferencia.

Proporcionar nombres de forma muy selectiva y a riesgo de ofender a algunos, a medida que la inferencia bayesiana evolucionó desde finales del siglo XX hasta principios del siglo XXI, nos dejaría una lista de investigadores muy influyentes, que incluiría a sir Adrian F. M. Smith, junto con los profesores James Berger (Universidad Duke), Mike West (Universidad Duke), Persi Diaconis (Universidad Stanford), Donald Rubin (Universidad de Harvard, en aquel entonces), Christian Robert (Universidad París-Dauphine) y Adrian Raftery (Universidad de Washington). Actualmente, tres investigadores bayesianos muy citados son los profesores Andrew Gelman (Universidad de Columbia) en ciencias sociales, Michael I. Jordan (Universidad de California, Berkeley) en aprendizaje automático y David Dunson (Universidad Duke) en métodos para datos complejos de alta dimensión.

España alberga un rico pasado y presente de bayesianos fundacionales. Además, en el siglo XXI, encontramos aquí cada vez más investigadores centrados en la modelización jerárquica. Los primeros esfuerzos se remontan al grupo de la Universidad de Valencia, que incluía al profesor José Bernardo, fundador de las reuniones «Valencia», de éxito internacional, que se celebraron cada cuatro años hasta 2010. Una de las líderes durante ese período fue la profesora M. J. (Susie) Bayarri. La tradición bayesiana continúa en Valencia, con la participación de los profesores Antonio Manuel López Quílez, Carmen Armero,

David Conesa y Anabel Forte. Un grupo bayesiano, anteriormente bastante activo, se encontraba en Granada, dirigido por los profesores Elías Moreno y F. Javier Girón. Una lista parcial de otros investigadores bayesianos de renombre internacional incluye a los profesores David Ríos Insua, Manuel Salvador, María Dolores (Lola) Ugarte, María Eugenia Castellanos, Gonzalo García-Donato, Virgilio Gómez Rubio y Miguel Ángel Gómez-Villegas.

En una mirada retrospectiva, Dennis Lindley fue uno de los fundadores, defensores y desarrolladores del paradigma de inferencia bayesiano, que también incluyó a Leonard J. Savage, Morris DeGroot, George Box, Arnold Zellner y I. J. Good. Cabe destacar que Lindley predijo que el siglo XXI sería bayesiano, debido a su claro atractivo inferencial. Sin embargo, ¿cuál es la verdadera razón que frenó el paradigma bayesiano en el siglo XX, pero que ahora le ha permitido consolidarse como el enfoque predilecto para la investigación de procesos complejos en el siglo XXI? La respuesta es la **computación.**

Un análisis de la expresión para la distribución *a posteriori* de los *desconocidos* revela que solo está disponible hasta la proporcionalidad. En consecuencia, la inferencia no es posible, ya que el área bajo la distribución debe normalizarse a uno. No se pueden calcular las probabilidades ni las esperanzas. Y, salvo en entornos bastante simples, la constante necesaria, *f*(*datos*), no se puede obtener explícitamente. Para calcularlo, se requiere integrar sobre el espacio de los *desconocidos*. A medida que la dimensión de los *desconocidos* aumenta, como ocurre con los problemas de verdadero interés en el siglo XXI, esta integración se vuelve inviable. Por lo tanto, hasta 1990, la inferencia bayesiana se encontraba estancada. Ofrecía un paradigma de inferencia muy atractivo, pero se limitaba a los llamados problemas «de juguete».

Pero entonces, en 1990, se produjo el mayor avance computacional. Tuve la fortuna de ser coautor (junto con el profesor Adrian F. M. Smith) del artículo seminal que abrió las puertas a este avance (Gelfand y Smith, 1990). El enfoque, conocido como muestreo de Gibbs *(Gibbs sampling)* y *Markov chain Monte Carlo* (MCMC), se ha convertido en la herramienta más destacada para implementar el análisis bayesiano y, posiblemente, por sí solo, impulsó el auge revolucionario de la inferencia bayesiana en el siglo XXI.

¿Cuál es la idea básica? Reemplazar la integración, que no es factible, por el muestreo. El muestreo es la idea fundamental en estadística; entendemos que, cuanto más muestreamos a una población, mejor aprendemos sobre ella (de hecho, este es el pensamiento frecuentista estándar). Por lo tanto, la idea es que el muestreo de Gibbs y MCMC proporcionan un mecanismo para muestrear un número arbitrario de realizaciones de la distribución *a posteriori f(desconocidos | datos)*. La verdadera novedad para posibilitarlo fue crear y muestrear una cadena de Márkov cuya distribución estacionaria o límite es la distribución *a posteriori* deseada. Una vez que la cadena fuera esencialmente estacionaria, se podían recolectar tantas muestras de la distribución *a posteriori* como se deseara. Con un número arbitrario de esas muestras, podríamos conocer/aprender suficientemente bien sobre cualquier característica de esa distribución, obteniendo el máximo beneficio del paradigma de inferencia bayesiano. Casualmente, cuando nos dimos cuenta del potencial de este avance computacional, la comunidad investigadora experimentaba un drástico aumento en la disponibilidad, a precio económico, de capacidad informática de alta velocidad que se requería para implementar el necesario muestreo.

Evidentemente, este avance se convirtió en una bendición para los probabilistas, que han continuado perfeccionando las implementaciones; para los especialistas en informática, quienes han desarrollado algoritmos cada vez más eficientes para el ajuste de modelos utilizando el muestreo de Gibbs y MCMC, y lo más importante, para mí y para todos los modelizadores, fue que apreciamos la liberación que esta estrategia de ajuste de modelos nos brindaba. Se podían ajustar los modelos que se quisieran, **NO** solo los modelos para los que existía teoría asintótica. De hecho, desde 1990, se han abierto las compuertas, y el alcance y tamaño de los modelos que se emplean actualmente en todo el mundo de las aplicaciones se ha vuelto enorme. Los tradicionalistas temen que los modelos se hayan vuelto gigantescos y que pierdan la elegancia de las especificaciones más simples. Es cierto que los modelos pueden ser demasiado grandes para que los soporten los datos y esta herramienta puede fomentar el sobreajuste de los modelos a los datos disponibles. Sin embargo, el objetivo es, una vez más, explorar modelos flexibles para comprender las características de los procesos complejos. Científicamente, esto es tan valioso como se podría esperar, y evitar modelos que sean demasiado grandes se convierte en una componente del proceso de selección de modelos.

Cabe destacar que, a medida que la tecnología avanza, han surgido otras estrategias de ajuste de modelos, como la aproximación integrada de Laplace anidada (INLA), que introduce la aproximación integral; la computación bayesiana aproximada (ABC), que emplea simulación hacia delante, y el método bayesiano variacional, que reemplaza la integración por la optimización. En muchas aplicaciones, estos enfoques pueden ser más adecuados o eficientes, por lo que han sido reconocidos como útiles para ciertos tipos de problemas. Sin embargo, actualmente, el muestreo de Gibbs y MCMC siguen siendo la herramienta más utilizada en esta nueva era bayesiana.

3. Modelización jerárquica

Para apreciar mejor cómo se emplea el paradigma en entornos complejos, es útil extender el teorema de Bayes a una forma jerárquica o multinivel:

$$f(datos \mid proceso, desconocidos_1) \, f(proceso \mid desconocidos_2)$$
$$f(desconocidos_1, desconocidos_2)$$

Lo que hemos hecho es introducir el proceso de interés como una componente de la modelización y reconocer que los *desconocidos$_2$* guían el proceso, y el proceso, junto con un conjunto adicional de *desconocidos$_1$*, dirigen los datos que observamos durante el proceso. La inferencia que perseguimos es la distribución *a posteriori f(proceso, desconocidos$_1$, desconocidos$_2$ | datos)*, ya que, como se ha explicado anteriormente, la distribución *a posteriori* permite una inferencia completa. La forma justifica la denominación de «jerárquica» o «multinivel».

Esta expresión parece relativamente inocua, pero no debe subestimarse su alcance. No se ha dicho nada sobre la naturaleza de la especificación de los datos o la especificación del proceso. Estos pueden ser tan ricos como lo justifique la recopilación de datos, tan flexibles como los aspectos del proceso que se busca capturar. Dichos aspectos se desarrollarán someramente en el siguiente párrafo. Es importante tener en cuenta que tanto la especificación de datos como la especificación del proceso son aproximaciones y no son «correctos». Tienen incertidumbre, tienen *desconocidos*. Se espera que sean útiles y, en cualquier caso, se suministran anticipando la variabilidad en respuesta a las entradas.

Profundizando, la distribución conjunta en el lado izquierdo se proporciona en términos de tres partes en el lado derecho. Estas partes pueden ser más fáciles de formalizar individualmente, en lugar de pensar en toda la distribución conjunta. Además, cada una de estas partes puede ser bastante compleja; por ejemplo, la relación entre datos y procesos puede depender de muchas cosas. Puede ser diferente para diferentes tipos de datos. Para el modelo del proceso, puede haber aspectos espaciales o temporales que sugieren que la modelización podría depender de dónde y cuándo ocurrió el proceso. La buena noticia es que podemos utilizar el condicionamiento apropiado para capturar estos aspectos de manera sencilla. Las ventajas de esta forma de pensar sobre la modelización incluyen: *(i)* la capacidad de construir modelos complejos a partir de relaciones condicionales simples. No necesitamos conceptualizar una especificación integrada para el problema, solo las componentes que se vincularán a través de modelos gráficos dirigidos: nodos y flechas; *(ii)* podemos relajar los requisitos habituales que insisten en datos independientes. La independencia condicional es suficiente. Normalmente, introducimos la dependencia en una segunda o tercera etapa de la modelización que, de forma marginal, introduce asociación en los datos; *(iii)* podemos acomodar diferentes tipos de datos dentro del análisis, así como los «datos» que se obtienen de, digamos, un modelo computacional; *(iv)* asociando aleatoriedad a lo que observamos y a lo que no observamos, construimos una especificación completamente bayesiana. La unificación de la inferencia proporcionada por el paradigma bayesiano nos lleva inmediatamente a mirar hacia la distribución *a posteriori* de todo lo que no observamos dado todo lo que sí observamos. Aunque tal distribución será de gran dimensión y analíticamente intratable, podemos aprovechar las herramientas de cálculo bayesiano, descritas brevemente con anterioridad, para ajustar estos modelos y proporcionar la inferencia deseada.

Un atractivo particular de este enfoque es que permite la introducción de todas las fuentes de información al definir la modelización —mecanicista, teórica y empírica (que puede haber surgido de experimentos diseñados)—. Otro atractivo es la flexibilidad. Prevemos investigar diferentes especificaciones para seleccionar un modelo general que funcione bien, tanto en estimación como en predicción. El enfoque cambia de un debate sobre qué procedimiento inferencial adoptar a poner el foco en el desarrollo de modelos que logren una integración satisfactoria del conocimiento.

En general, lo anterior es un cambio notable que se ha producido en el panorama de la recogida de datos en nuestra transición al siglo XXI. En los últimos tiempos, se observa un crecimiento notable en la recopilación de datos, obteniéndose conjuntos de datos de enorme tamaño. Además, ha habido un cambio hacia el examen de datos observacionales, en lugar de limitarse a datos obtenidos de experimentos cuidadosamente diseñados. Por su diseño, estos últimos imponen restricciones sobre qué realizaciones del proceso podemos esperar encontrar, lo que limita nuestra capacidad de comprender satisfactoriamente el proceso. Los primeros, sin embargo, proporcionan realizaciones sin filtrar del proceso. Como se indicó anteriormente, esto ha llevado a un aumento de análisis de sistemas complejos que utilizan dichos datos, lo que requiere la síntesis de múltiples fuentes de información (empírica, teórica, física, etc.), que necesitan el desarrollo de los modelos multinivel. La modelización estocástica nos permite suministrar especificaciones para estas realizaciones y ver qué tan bien podemos estimar y predecir el comportamiento del proceso.

Permítanme ofrecer algunas palabras más sobre la modelización jerárquica o multinivel, ya que soy un miembro devoto de la modelización estocástica. Este es el mundo que ha cambiado drásticamente el papel del estadístico. Este es el mundo que ha fomentado el trabajo investigador en equipo, haciendo del estadístico un participante integral en la investigación basada en equipos: un participante en la formulación de las preguntas para investigar, en la determinación de los datos necesarios para investigar estas preguntas, en el desarrollo de modelos para evaluar esas preguntas, en el desarrollo de estrategias para ajustar esos modelos y en el análisis y resumen de la inferencia resultante con esas especificaciones. Hemos llegado a un mundo nuevo y apasionante para la estadística moderna.

El rango de las aplicaciones de la modelización jerárquica abarca todas las ramas científicas, tal y como se ha señalado en la introducción; por ejemplo, las ciencias biomédicas y de la salud, la economía y las finanzas, el medio ambiente y la ecología, la ingeniería y las ciencias naturales, las ciencias políticas y sociales. La modelización jerárquica ha tomado el control del panorama de la modelización estocástica contemporánea. Aunque el análisis de tales modelos puede ser intentado a través de enfoques no bayesianos, el paradigma bayesiano permite la inferencia exacta y la adecuada evaluación de la incertidumbre dentro de la especificación dada. Finalmente, el obstáculo del cálculo ha sido superado. Los ya mencionados muestreo de Gibbs y MCMC, pero también el muestreo de importancia secuencial *(sequential importance sampling)*, filtros de partículas *(particle filters)* y aprendizaje de partículas *(particle learning)*, así como INLA, ABC, y Bayes variacional *(variational Bayes)*, han desatado todo el poder de dicha modelización.

«Modelización jerárquica», como ilustra la formulación general anterior, es una expresión muy amplia que se refiere a una amplia gama de especificaciones de modelos. Sin entrar en complejas formalidades, se incluyen modelos de efectos aleatorios, modelos de coeficientes aleatorios, modelos de componentes de varianza, modelos de efectos mixtos, modelos de variables latentes, modelos de datos faltantes y modelos espacio-estado. La característica clave es que los modelos jerárquicos son modelos estadísticos que ofrecen un marco formal para el análisis, con una complejidad de estructura que coincida con el sistema que se está estudiando.

En los primeros tiempos, la modelización jerárquica o multinivel se refería a estructuras «anidadas»; por ejemplo, alumnos anidados en clases; clases anidadas dentro de escuelas o casas, a su vez anidadas en barrios; barrios anidados dentro de las ciudades. Sin embargo, hoy día, este tipo de modelización se ha extendido a la heterogeneidad; por ejemplo, en formas de regresión, es decir, la relación general. Además, pueden capturar la heterogeneidad modelizando varianzas/incertidumbre; por ejemplo, la variabilidad en los precios de la vivienda que cambia de un barrio a otro. Pueden capturar dependencias en los datos, es decir, posiblemente complejas dependencias en los resultados a lo largo del tiempo, o del espacio o sobre el contexto; por ejemplo, los precios de las viviendas dentro de un vecindario tienden a ser similares. Pueden modelizar la contextualidad, macrorrelaciones (por ejemplo, tasas de interés y producto nacional bruto) y microrrelaciones (por ejemplo, los precios individuales de vivienda que dependerán de las características individuales de la propiedad, así como de las características del vecindario).

Vale la pena agregar algunas palabras que conecten la inferencia bayesiana con el aprendizaje automático *(ma-*

chine learning). El aprendizaje automático generalmente considera diferentes enfoques de aprendizaje, incluidos el no supervisado, el supervisado, el semisupervisado o refuerzo, con aplicación a regresión, clasificación y agrupamiento. El trabajo inicial fue determinista, realizando optimizaciones adecuadas de las funciones de pérdida objetivas, a menudo con algunos *desconocidos* fijos, para obtener predicciones. Está claro que este trabajo no es adecuado, ya que se necesita incorporar la incertidumbre. Por ello, la inferencia bayesiana desempeña un papel crucial en el aprendizaje automático, proporcionando un marco probabilístico para el razonamiento bajo incertidumbre, mejorando la precisión e interpretabilidad del modelo. De forma explícita, representando las dependencias entre variables e incorporando información probabilística, las redes bayesianas permiten una modelización más satisfactoria de los sistemas complejos, lo que permite que los algoritmos de aprendizaje automático, como se ha mencionado anteriormente, generen predicciones y decisiones mejor informadas. Como ejemplo, la muy utilizada terminología de aprendizaje profundo *(deep learning)* se refiere a la rama de aprendizaje automático que se basa en redes neuronales artificiales; es decir, modelos gráficos (versiones más grandes de modelos jerárquicos), con múltiples capas, de ahí el término «profundo» *(deep)*, que incorpora entradas y activaciones adecuadas.

De este modo, surgió el aprendizaje automático probabilístico, lo que esencialmente significó incorporar las tareas mencionadas anteriormente dentro de un marco probabilístico, esencialmente un marco bayesiano, lo que ha permitido el desarrollo de garantías de desempeño probabilísticas y la cuantificación de la incertidumbre, proporcionando límites de error y distribuciones para la predicción. El resultado es que la inferencia bayesiana se ha vuelto esencial en el trabajo moderno del aprendizaje automático y la inteligencia artificial, ofreciendo una metodología robusta para el razonamiento probabilístico y la cuantificación de la incertidumbre. Una muy buena introducción al aprendizaje automático probabilístico, particularmente a la revolución del aprendizaje profundo, se presenta en el texto premiado de Kevin Murphy de 2012 (extenso, con 1200 páginas), con continuación en dos volúmenes en 2022 (más de 1600 páginas). El desarrollo de Murphy se hace enteramente a través de la lente unificadora del modelado probabilístico y la toma de decisiones bayesiana.

Aquí expreso mi último pensamiento sobre el futuro de la estadística como disciplina. Aunque la ciencia de datos está guiada desde la estadística, ha habido un movimiento para incorporarla bajo ese gran paraguas, junto con campos como la informática, la ingeniería informática y la computación. La estadística desempeña un papel vital en estos campos, pero creo que, al mismo tiempo, es fundamental que la estadística continúe su trabajo como campo independiente. Lo que ofrece la estadística es una investigación basada en hipótesis, más que lanzar algoritmos a grandes conjuntos de datos. Ofrece la oportunidad de modelar cuidadosamente procesos complejos y estructuras, en lugar de adoptar una metodología de aprendizaje automático para ver qué podría «caer». Además, no todas las investigaciones actuales involucran *terabytes* de datos. Tiene que haber espacio para una investigación reflexiva sobre procesos donde, a menudo, los datos son inadecuados y no se presentan en una cantidad exorbitante (véase más adelante).

4. Análisis espacial

Permítanme abordar mi pasión investigadora durante los casi últimos treinta años: el análisis de datos espaciales. La cuestión clave aquí es que siempre que se recopilen datos con alguna referencia espacial asociada; inmediatamente resulta útil introducir la «ubicación» en el análisis. Cómo debería hacerse depende de la naturaleza de los datos espaciales en sí; por ejemplo, con fines ilustrativos, los datos sobre temperatura recogidos en los lugares de monitorización se espera que muestren una mayor similitud/correlación en sitios más cercanos entre sí, o se podría esperar que la incidencia de una enfermedad fuera más parecida en unidades de áreas vecinas que en unidades alejadas. Ignorar esta dependencia espacial disminuiría la efectividad de la especificación de un modelo.

Tuve la suerte de unirme a este mundo de la investigación en el momento propicio para ser un constructor pionero/seminal del mundo del análisis de datos espaciales bayesianos. Este campo estaba esencialmente vacío, la oportunidad era enorme y, a la luz de los comentarios anteriores, la inferencia bayesiana estaba idealmente adecuada para trabajar con datos espaciales. Por ser más específico respecto a ello, no está claro que las aproximaciones asintóticas pudieran ser las técnicas apropiadas para el análisis espacial. ¿Tendría sentido pensar en ampliar la región a estudio, tal y como se amplía la ventana de tiempo con datos de series temporales, el también llamado «aumento del dominio de la aproximación asintótica» *(increasing domain asymptotics)*? ¿Tiene sentido pensar en recopilar más y más observaciones dentro de la región de estudio, los llamados «asintóticos de relleno» *(infill asymptotics)*? La inferencia exacta proporcionada por el paradigma bayesiano impide las preocupaciones asintóticas.

Más concretamente, mi nicho en el mundo del análisis de datos espaciales ha sido la investigación de complejos procesos ambientales y ecológicos; un entorno en el que los datos, casi siempre, están espacialmente referenciados. Es un nicho donde los datos necesarios para conocer el proceso son casi siempre insuficientes. Las variables que realmente son más apropiadas para conocer las relaciones, a menudo, no están disponibles; ¡no se quiere sacrificar a un individuo de la población a estudio! Los datos subrogados son a menudo los mejores datos con los que podemos trabajar. Además, la recopilación de datos suele estar limitada por el esfuerzo que requiere el muestreo. Rara vez se tendrán los recursos y el tiempo para muestrear completamente la región de interés. La especificación del modelo, colaborando con especialistas, en la materia se vuelve crucial para extraer la mejor historia posible con los datos que tenemos. En este sentido, no solo me siento cómodo y recompensado con la modelización que desarrollo, sino que a la vez puedo sentirme «verde».

Dentro de los datos espaciales, en esencia, existen tres tipos. Uno es el caso en el que se elige un conjunto de ubicaciones y, luego, se registra una variable, como la temperatura o el nivel de ozono, en cada una de esas localizaciones. Este caso se conoce como «datos geoestadísticos»; por ejemplo, la figura 1 muestra valores de un contaminante ambiental, los niveles de partículas en suspensión $PM_{2.5}$, obtenidos en las estaciones de monitorización en Illinois, Indiana y Ohio. Vemos variación espacial en los niveles representados.

Un segundo tipo implica dividir una región en unidades de área y observar una variable en cada unidad; por ejemplo, incidencia de una enfermedad o tasa de crimi-

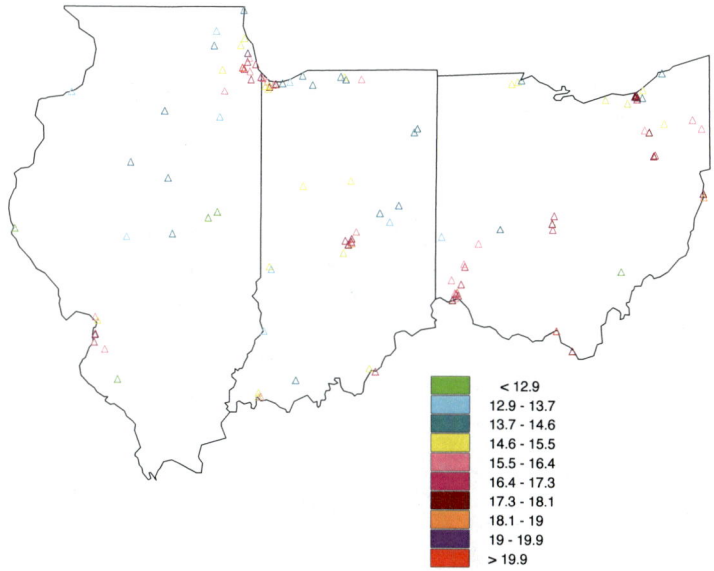

Figura 1. Mapa de los niveles de PM$_{2.5}$ en las estaciones de monitorización de la muestra en tres estados del Medio Oeste de Estado Unidos; los símbolos representados indican el rango del nivel promedio de PM$_{2.5}$ monitorizado durante el año 2001.

nalidad. Estos datos se denominan «datos espaciales discretos»; por ejemplo, la figura 2 muestra, en Estados Unidos, las puntuaciones promedio por estado de una prueba estandarizada de ingreso en la universidad. Vemos que las puntuaciones más elevadas se encuentran en el centro del país.

El tercer caso considera aleatorio el conjunto de ubicaciones donde algún fenómeno fue observado; por ejemplo, una especie vegetal o la venta de una propiedad. Estos datos se denominan «datos de patrón puntual»; por ejemplo, la figura 3 muestra los patrones de puntos de la distribución de siete especies de plantas invasoras en Nueva

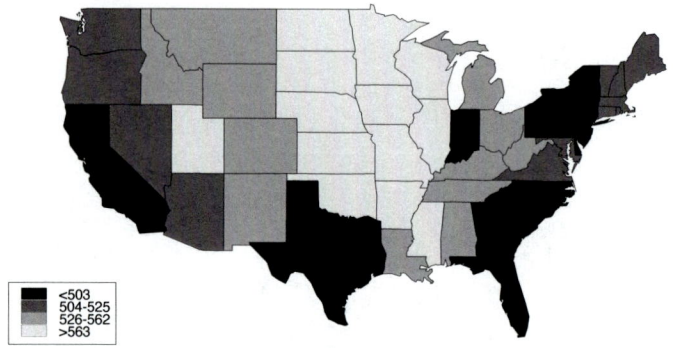

Figura 2. Mapa de coropletas de las puntuaciones promedio del test SAT en 1999, en los 48 estados contiguos de Estados Unidos y el distrito de Columbia.

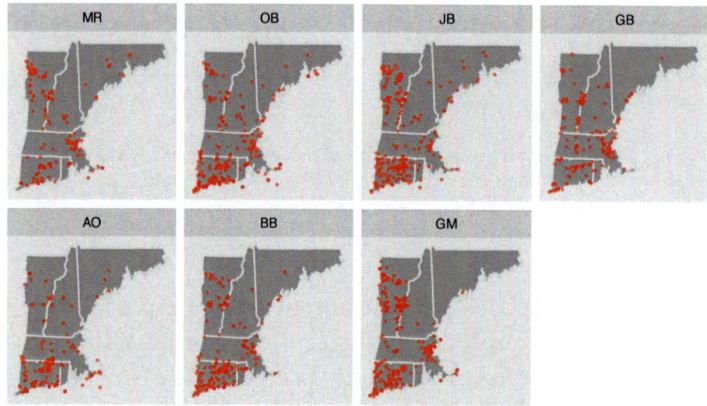

Figura 3. Distribución de ubicaciones de siete especies de plantas invasoras en Nueva Inglaterra.

Inglaterra en Estados Unidos. Vemos que los patrones de puntos varían de unas especies a otras.

Estos ejemplos pretenden ilustrar la riqueza de los datos espaciales. Sin embargo, apenas profundizan sobre el alcance de los problemas donde la consideración de la ubicación mejora, notablemente, nuestra capacidad de aprender sobre un proceso complejo. Según el proceso, cada tipo de dato requiere su propia elección de especificaciones de modelo. En este sentido, he tenido el placer de trabajar con todos estos tipos de datos, haciendo contribuciones a problemas que incluyen exposición medioambiental, condiciones climáticas extremas, distribución de especies, ventas de propiedades, dirección del viento y fusión de fuentes de datos.

5. Conclusión

Permítanme concluir con unas palabras sobre el tiempo tan especial que he pasado en Zaragoza. A finales del pasado siglo y a principios de este vine frecuentemente a España para asistir a los internacionalmente famosos encuentros bayesianos cuatrienales Valencia, mencionados anteriormente. Como ya hice notar, España alberga un rico pasado y presente de bayesianos fundacionales. Sin embargo, mi verdadera relación con el país comenzó con mi conexión con María Asunción Beamonte, una profesora de la Facultad de Economía y Empresa de la Universidad de Zaragoza, y ahora mi esposa. Empecé a visitar Zaragoza con regularidad. Mi primer trabajo fue con el profesor Manuel Salvador, la profesora Pilar Gargallo y la profesora Beamonte, todos de la Facultad de Economía y Empresa. Nuestro trabajo inicial se centró en capturar los mercados laborales locales en Aragón (Chakraborty *et al.*, 2013). Sin embargo, nuestro trabajo más trascendental investigó el mercado inmobiliario de Zaragoza. Primero, examinamos el cambio en la distribución espacial de las ventas de inmuebles residenciales antes y después de la crisis económica de principios del siglo XXI (Paci *et al.*, 2017). Más tarde, analizamos cómo la aleatoriedad en los lugares de venta, además de las características de las propiedades, afectaban al precio de venta de las viviendas (Paci *et al.*, 2020). Este trabajo fue el primer esfuerzo para investigar el efecto del muestreo preferencial en un modelo hedónico, que es la especificación de regresión habitual para explicar el precio de venta. Durante la segunda década del siglo XXI, también tuve la oportunidad de impartir en esta universidad un curso corto en análisis de datos espaciales, así como presentar una conferencia pública en la Facultad de Economía. También trabajé a lo largo de más de un año con la profesora Beamonte y el profesor Fernando Pérez-Cabello, del Departamento de Geografía y Ordenación del Territorio, sobre la recuperación de la vegetación tras los incendios forestales (Paci *et al.*, 2017).

Un cambio importante en mi relación con la Universidad de Zaragoza ocurrió en 2017 cuando, gracias a la ayuda de la profesora Beamonte, conecté por primera vez, profesionalmente, con los profesores Ana Carmen Cebrián, Jesús Asín y Jesús Abaurrea, del Departamento de Métodos Estadísticos, iniciando una colaboración para investigar eventos de calor extremo, bajo un gran proyecto encabezado por el profesor Gerardo Sanz Saiz. Esta conexión ha sido y sigue siendo notablemente productiva, llevando a cabo importantes contribuciones al desarrollo de modelos de temperatura máxima diaria (Schliep *et al.*, 2021; Castillo-Mateo *et al.*, 2022), extensiones del calor extremo (Cebrián *et al.*, 2021), comportamiento cuantílico de las temperaturas máximas diarias (Castillo-Mateo *et al.*, 2023; Castillo-Mateo *et al.*, 2024) y temperaturas récord (Castillo-Mateo *et al.*, 2025). Todo este trabajo ha aparecido en los foros de más alto nivel de estadística. En medio de esta colaboración, Jorge Castillo Mateo se unió al equipo para realizar su doctorado, contribuyendo notablemente con sus habilidades de modelización y computación, lo que lo condujo a culminar su doctorado presentando una tesis que fue galardonada. Continuamos estando muy activos y todavía, después de seis años de trabajo conjunto, nos reunimos cada dos semanas. También relacionado con estos trabajos, tuve la oportunidad de dar charlas magistrales invitadas en congresos como la Sociedad Española de Estadística e Investigación Operativa (SEIO) en Granada y en Madrid, así como en Workshop Internacional sobre Modelización Espacio-Temporal (METMA) en Lleida.

En resumen, me resulta difícil describir lo orgulloso que estoy de recibir este doctorado *honoris causa*. Es el mayor honor que esta universidad, de más de quinientos años de existencia, puede otorgar, y me siento honrado de pensar que la universidad me ha considerado digno de recibirlo. Otra vez, gracias a todos.

Referencias

CASTILLO-MATEO, J., A. E. GELFAND, J. ASÍN, A. C. CEBRIÁN y J. ABAURREA (2023), «Spatial quantile autoregression for season within year daily temperature data», *Annals of Applied Statistics,* 17, pp. 2305-2325.

CASTILLO-MATEO, J., A. E. GELFAND, J. ASÍN, A. C. CEBRIÁN y J. ABAURREA (2024), «Bayesian Joint Quantile Autoregression», *TEST,* 33, pp. 335-357.

CASTILLO-MATEO, J., Z. GRACIA-TABUENCA, J. ASÍN, A. C. CEBRIÁN y A. E. GELFAND (2025), «Spatio-temporal modeling for record-breaking temperature events in Spain», *Journal of the American Statistical Association,* 120, pp. 645-657. SEIO-BBVA Applied Statistics paper of the year 2025.

CASTILLO-MATEO, M. LAFUENTE BLASCO, A. E. GELFAND, J. ASÍN, A. C. CEBRIÁN y J. ABAURREA (2022), «Spatial modeling of day-within-year temperature time series: an examination of daily maximum temperatures in Aragon, Spain», *JABES*, 27, pp. 487-505.

CEBRIÁN, A. C., J. ASÍN, J. CASTILLO-MATEO, A. E. GELFAND y J. ABAURREA (2024), «Assessing space and time changes in daily maximum temperature in the Ebro basin (Spain) using model-based statistical tools», *International Journal of Climatology*, 43(16), pp. 8036-8051.

CEBRIÁN, A. C., J. ASÍN, E. M. SCHLIEP, J. CASTILLO-MATEO, A. E. GELFAND, M. A. BEAMONTE y J. ABAURREA (2022), «Spatio-temporal analysis of the extent of an extreme heat event», *Stochastic Environmental Research and Risk Assessment*, 36, pp. 2737-2751.

CHAKRABORTY, A., A. E. GELFAND, M. A. BEAMONTE, M. P. ALON-SO, P. GARGALLO y M. SALVADOR (2013), «Spatial Interaction Models with Individual-level data for Explaining Labor Flows and Developing Local Labor Markets», *Computational Statistics and Data Analysis*, 58, pp. 292-307.

GELFAND, A. E. y A. F. M. SMITH (1990), «Sampling Based Approaches to Calculating Marginal Densities», *Journal of the American Statistical Association*, 85, pp. 398-409. [Reimpreso en *Breakthroughs in Statistics*].

MURPHY, K. L. (2012), *Machine Learning: A Probabilistic Perspective*, The MIT Press.

PACI, L., A. E. GELFAND, M. A. BEAMONTE, P. GARGALLO y M. SAL-VADOR (2017), «Analysis of residential property sales using space-time point patterns», *Spatial Statistics*, 21, pp. 149-165.

PACI, L., A. E. GELFAND, M. A. BEAMONTE, P. GARGALLO y M. SALVADOR (2020), «Spatial hedonic modeling adjusted for preferential sampling», *Journal of the Royal Statistical Society, Series A*, 183, pp. 169-192.

PACI, L., A. E. GELFAND, M. A. BEAMONTE, M. RODRIGUES y F. PÉREZ-CABELLO (2017). «Space-time modeling for post-fire vegetation recovery», *Stochastic Environmental Research and Risk Assessment*, 31(1), pp. 171-183.

SCHLIEP, E., A. E. GELFAND, J. ASÍN, A. C. CEBRIÁN, M. A. BEA-MONTE y J. ABAURREA (2021), «Long-term Spatial Modeling for Characteristics of Extreme Heat Events», *Journal of the Royal Statistical Society, Series A*, 184, pp. 1070-1092.

THE RISE OF BAYESIAN INFERENCE IN THE 21ST CENTURY

ALAN E. GELFAND

1. Introduction

Let me begin by thanking Professor Ana Carmen Cebrián and Professor Gerardo Sanz Saiz for proposing me for this exceptional honor. All of their effort on my behalf is much appreciated. Also, let me thank my wife, Professor María Asunción Beamonte, who has not only been a research collaborator but has also helped me to navigate the building of the research relationships I have at this esteemed institution. In addition, let me thank Professor Jesús Asín and Professor Jorge Castillo-Mateo as integral members of our successful research team in the Department of Statistical Methods. All of you have helped me to begin a very special component of my research career here at the Universidad de Zaragoza. At the end I will offer more detail about how successful this window of more than ten years has been.

What is this lecture about? I recognize that only a small portion of the audience is knowledgeable regarding the field of Statistics, much less the inference paradigm of Bayesian Statistics and its recent evolution. So, my talk will be presented at an accessible level to trace this evolution. To those who are knowledgeable, please excuse this evidently subjective view. It will reflect my biases and, therefore, I apologize in advance for any unfortunate omissions.

Everyone has had some exposure to Statistics, often a negative one, perhaps referring to it as Sadistics! And everyone will be aware of abuses that have been committed in the name of Statistics. However, Statistics has become a critical field for the research communities across all areas of scientific investigation. These days it rarely suffices to infer conclusions without the support of data. Moreover, more and more data is being collected – we are all now familiar with the terms Data Science and Big Data. For a given area of inquiry, the role of statisticians is to facilitate extraction of the strongest stories that are possible from the data that has been collected. And, again with massive amounts of data, this role is increasingly critical. Statistics is not a glamor field. Typically, statisticians do their work in the background, with findings being presented by the subject matter specialists in the investigation. However, there is a famous quote attributed to John Tukey, one of the most highly regarded statisticians of the second-half of the 20th century: «Statisticians get to play in everyone's backyard».

Moreover, the contributions of statistical thinking and analysis have manifested themselves in substantial ways in major research areas such as medicine and pharmaceuticals, business and economics, social sciences and psychology, environmental and ecological processes, engineering and natural science. The types of problems have spanned comparison of populations, design of experiments, association, regression and causality, time series data, sequential data collection, multivariate data, and, most dear to me, spatial and spatio-temporal data.

2. The Bayesian paradigm

Where does Bayesian inference fit into this landscape? Let's back up a bit to try to explain what Bayesian inference is and how it differs from what is usually referred to as classical or frequentist inference. The origin of Bayesian inference dates to the Reverend Thomas Bayes, an English Presbyterian minister as well as statistician and philosopher. In particular, what is known as Bayes' theorem or Bayes' rule was developed in the 1750's but first appeared in print in 1763 through Richard Price, a friend of Bayes. So, it is not quite as old as this eminent institution but old in the statistical firmament!

Bayes was thinking in terms of probabilities and, in particular, the idea of conditional probabilities. In its simplest form, given two related events, how does the chance of the occurrence of one event change given the information that the other event has occurred? Let me offer an elementary illustration. Suppose we have a deck of 52 playing cards, 13 spades, 13 hearts, 13 diamonds, and 13 clubs. Suppose we draw a card at random from the deck but don't look at it. What is the probability that it is a spade, event A? Immediately, we answer 1/4. However, suppose we draw a second card from the deck. We look at it and it is a spade, event B. We can again ask what is the probability that the first card is a spade? Has this new information changed the probability? If so, what is the correct answer? We are seeking $P(A \mid B)$, this notation meaning the probability that event A occurs given event B occurred. Bayes noted that we could calculate

$$P(A \mid B) = P(B \mid A) \, P(A) \, / \, P(B),$$

since

$$P(A \mid B) \, P(B) = P(B \mid A) \, P(A) = P(A \, \& \, B).$$

Further,

$$P(B) = P(B \, \& \, A) + P(B \, \& \, \text{no } A).$$

Then, directly

$$P(A/B) \;=\; \frac{(12/51) \times (1/4)}{(12/51) \times (1/4) + (13/51) \times (3/4)} \;=\; 12/51$$

How did such a simple probability calculation become an inference paradigm? Suppose we replace A and B by random variables X and Y. Then, we obtain

$$f(X \mid Y) = f(Y \mid X) \, f(X) \, / f(Y),$$

i.e., the distribution of the variable X given the variable Y. Going one step further, suppose we think of Y as the data we have observed and we think of X as what we *don't* know about the distribution of the data. Then we obtain

$$f(unknowns \mid data) = $$
$$f(data \mid unknowns) \, f(unknowns) \, / f(data) \propto$$
$$f(data \mid unknowns) \, f(unknowns)$$

The proportionality arises since the denominator term on the central line doesn't depend on the unknowns. What we see from this equation, this model specification, is a mechanism such that the left side enables us to learn/infer about **what we don't know given what we have observed**. This is the *essence* of Bayesian inference. In fact, it seems completely natural; it is how we live life empirically. We make decisions based upon what we have seen!

Moreover, suppose we write this equation in the form

$$f(data \& unknowns) =$$
$$f(data \mid unknowns) \, f(unknowns) =$$
$$f(unknowns \mid data) \, f(data)$$

From the term in the first line, we see that we are providing a specification for the joint randomness of what we don't know and what we observe. The central form is what we could call *generative*. It describes how, *e.g.*, Mother Nature (or your favorite deity) chooses a random realization of what we don't know. Then what we see, as data, is a random realization given the unknowns that were chosen. The last line form is *inferential*. It shows belief revision. It provides a distribution to clarify how we revise inference on what we don't know given what we have seen. The last term, $f(data)$, will not get any attention here but, conceptually, it enables us to see how well our model specification does and to compare it to other model specifications.

You may ask what is the classical or frequentist approach for inference? The classical approach (or at least a sensible classical approach) looks only at $f(data \mid unknowns)$, the so-called likelihood. That is, it tries to find values for the unknowns which are likely to have given you the data you have seen. Doesn't this reasoning seem backwards? It asks you to investigate **what you might see given what you don't know.** Nonetheless, this paradigm dominated the relatively young discipline of statistical inference for essentially the entire 20th century dating to the founding fathers of the discipline such as R. A. Fisher (along perhaps, with Karl Pearson, Jerzy Neyman, David Cox, C. R. Rao, and P. C. Mahalanobis). And, even today, it still dominates!

In the context of doing data analysis with a given model, there are customarily two types of unknowns with different inference objectives. One type of unknown is referred to as a parameter and associated inference is referred to as estimation. Parameters are artificial unknowns incorporated into an explanatory model such as coefficients in a regression model. They are not real but, rather, they are constructs to provide a device for capturing explanation. They will not mean the same thing, they are not comparable, across different model specifications. This is not to demean the value of parameter estimation but rather to clarify its role. The other type of unknown is a potential observation that was not collected but we would like to infer about. The associated inference is referred to as prediction. Such unknowns are real quantities, taking values in the space of the data. Prediction of a temperature, a property value, a birth weight, etc., means the same thing regardless of the choice of model. So, models can be directly compared in terms of predictive performance. The use of prediction in modern data analysis is vital.

It is worth adding some more words here regarding the difference between the classical approach and the Bayesian approach. The classical approach typically limits the data analyst to look at some features of $f\,(data \mid unknowns)$, to calculate *statistics* as functions of the data, and utilize them to learn about the unknowns in the likelihood. Which statistics shall we employ and how shall we employ them? What if we have several choices of statistics to utilize? Their distributions depend upon the unknowns and, except in simple cases, are usually unavailable explicitly. And, what if we have no statistics that have been proposed in the literature to utilize?

In any event, customarily, we resort to asymptotics to obtain an approximate distribution for available statistics.

How do we know when the asymptotics are good enough, when the approximation is adequate? These asymptotic approximations depend upon data we will never see. Rather, we have the data that we have; we can never have an infinite amount of data, so we really do not know how well we are doing in adopting asymptotics. Moreover, even in the best case scenario, frequentist inference is limited. We may be able to get a good point estimate for an unknown and we may be able to get some sort of interval estimate for this unknown, some uncertainty for this unknown. However, that is as far as classical inference will take us!

By contrast, Bayesian inference provides a full distribution, a so-called *posterior* distribution for any unknown. This is the best one can hope for, all inference is available. We can obtain point estimates for the unknown, *e.g.*, mean, median, or mode. We can obtain uncertainty estimates, *e.g.*, variances or ranges. We can also provide any probability statements we wish regarding the unknown, *e.g.*, the posterior probability that it will fall in a specified set. Most importantly, this inference is *exact*. Under the modeling that we have specified, it is supplied with appropriate precision and accuracy. There is no dependence on asymptopia, on what future data might be collected. There is no discomfort with regard to proximity to asymptopia!

Why didn't Bayesian inference emerge as the dominant paradigm? Why was it ignored, by and large, until essentially the last part of the 20th century? The immediate answer is the need to specify $f(unknowns)$, the distribution of what we don't know, what is called the *prior* distribution. Since different individuals may offer differ versions of f (*unknowns*), different posterior inference will arise. Inference becomes *subjective*. How can we confidently report results which depend upon what prior we chose? Furthermore, as the process we are studying becomes more complex, the dimension of the space of unknowns becomes larger and larger. The dimension of the prior distribution becomes very large. It would appear that sensitivity to prior specification is a hopeless challenge. Indeed, with such subjectivity, how can this be good science, an insistent criticism of Bayesian data analysis?

While it is true that the need to adopt a prior makes Bayesian inference inherently subjective, this need not be a serious practical challenge. In certain cases we may actually have useful information about unknowns which we can incorporate into the prior specification. For instance, this information may arise from prior knowledge about the process under study, *e.g.,* we don't adopt priors that would tend to generate unrealistic data. Alternatively, perhaps prior data collected on the process has revealed where unknowns are likely to lie before we analyze our new data. Another possibility is prior elicitation, *i.e.,* a designed procedure to use experts to help to provide appropriately informative priors.

However, in the 21st century these approaches are not commonly employed. Rather, we prefer to take the view to let «the data do the talking». We adopt so-called weak, vague, noninformative priors in order to let the data dominate the inference in the posterior. Different modelers may prefer/feel comfortable with different choices of these weak priors and, in this regard, it is incumbent upon the Bayesian data analyst to implement some prior sensitivity analysis. It is not my intention to be glib in this regard. However, with application to larger datasets, the number of parameters becomes large. Then, implementing such analysis becomes very demanding and typically reveals little inference sensitivity.

Providing names very selectively and risking offending some, as Bayesian inference moved from the end of the 20th century to the start of the 21st century, very influential researchers include Sir Adrian F.M. Smith along with Professor James Berger (Duke University), Professor Mike West (Duke University), Professor Persi Diaconis (Stanford University), Professor Donald Rubin (Harvard University, at that time), Professor Christian Robert (Université Paris-Dauphine), and Professor Adrian Raftery (University of Washington). Currently, three very highly cited Bayesian researchers are Professor Andrew Gelman (Columbia University) in social sciences, Professor Michael I. Jordan (University of California, Berkeley) in machine learning, and Professor David Dunson (Duke University) in methods for complex, high dimensional data.

Spain is home to a rich past and present of foundational Bayesians. In the 21st century we also find more and more researchers focusing on hierarchical modeling. Early effort dates to the group at the University of Valencia including Professor José Bernardo, who was the founder of the internationally successful «Valencia» meetings which occurred quadrennially through 2010. A leader during this window was Professor M.J. (Susie) Bayarri. The Bayesian tradition continues at Valencia including Professor Antonio Manuel López Quílez, Professor Carmen Armero, Professor David Conesa, and Professor Anabel Forte. A formerly quite active Bayesian group was in Granada led by Professor Elías Moreno and Professor F. Javier Girón. A partial list of other internationally regarded Bayesian researchers includes Professor David Ríos Insua, Professor Manuel Salvador, Professor María Dolores (Lola) Ugarte, Professor María Eugenia Castellanos, Professor Gonzalo García-Donato, Professor Virgilio Gómez Rubio, and Professor Miguel Ángel Gómez-Villegas.

Stepping back, Dennis Lindley was a founding father, proponent, and developer of the Bayesian inference paradigm, which also included Leonard J. Savage, Morris DeGroot, George Box, Arnold Zellner, and I.J. Good. Notably, Lindley forecasted that the 21st century would be Bayesian because of its clear inferential attractiveness. However, what is the real story that held back the Bayesian paradigm in the 20th century but has now enabled it to rise as the «go to» approach for investigating complex processes in the 21st century? The answer is **computation.**

An inspection of the expression for the posterior distribution of unknowns reveals that it is only available up to proportionality. As a result, inference is not possible since the area under the distribution has to be *normalized* to one. Probabilities can not be calculated; expectations can not be calculated. And, except for fairly simple settings, the needed constant, $f(data)$ can not be obtained explicitly. To calculate it requires integrating over the space of unknowns. As the dimension of the unknowns grows large, as it is with problems of real interest in the 21st century, this integration becomes infeasible. So, until 1990, Bayesian inference was stuck in a rut. It offered a very attractive inference paradigm but was limited to so-called «toy» problems.

But then, in 1990 came the major computational breakthrough. And, I was fortunate to be the co-author, with Adrian Smith, of the seminal paper which opened the door for this breakthrough (Gelfand and Smith, 1990). The approach, known as Gibbs sampling and Markov chain Monte Carlo (MCMC), has become the most prominent tool for implementing Bayesian analysis and, arguably, by itself, created the revolutionary rise of Bayesian inference in the 21st century.

What is the basic idea? Replace infeasible integration with sampling. Indeed, sampling is the most fundamental idea in Statistics; we understand that the more we sample a population, the better we learn about it. (In fact, this is standard «frequentist» thinking!) So, the idea is that Gibbs sampling and MCMC provide a mechanism for sampling arbitrarily many realizations from the posterior distribution $f(unknowns \mid data)$. The true novelty to enable this was to create and sample a Markov chain whose stationary or limiting distribution is the desired posterior. Once the chain was essentially stationary, as many posterior samples as desired could be collected. With arbitrarily many samples from the posterior, we could learn arbitrarily well about any features of the posterior. We could achieve the full benefit of the Bayesian inference paradigm. Serendipitously, at the time we realized the potential of this computational breakthrough, the research community was experiencing a dramatic increase in the availability of inexpensive, high-speed computing capability required to implement the needed sampling.

Evidently, this breakthrough became a boon to probabilists, who have continued to refine the implementations, to the computer specialists who have developed increasingly efficient algorithms for model fitting using Gibbs sampling and MCMC, and, most importantly to me, to the modelers who appreciated the liberation that this model fitting strategy enabled. One could fit the models one wanted, **NOT** just the models for which there was asymptotic theory. Indeed, since 1990, the floodgates have opened and the scope and size of models now being employed across the world of applications has become enormous. Traditionalists fret that models have now become as big as elephants, that they lose the elegance of simpler specifications. It is certainly the case that models can be too big for the data to support, that this tool can encourage overfitting of models to the available data. However, again, the opportunity to explore flexible models to learn about features of complex processes is the objective. Scientifically, this is as valuable as could be hoped for and avoiding models that are too big becomes a component of the model selection process.

A further word here is to note that, as technology moves forward, other model fitting strategies have emerged including integrated nested Laplace approximation (INLA) which introduces integral approximation, approximate Bayesian computation (ABC) which employs forward simulation, and variational Bayes which replaces integration with optimization. In many applications these approaches can be more suitable or more efficient. And, as such, they have been recognized as being useful for certain classes of problems. However, at present, Gibbs sampling and MCMC remain the most widely used tool in this new Bayesian era.

3. Hierarchical modeling

In order to better appreciate how the paradigm is employed in complex settings, it is useful to extend Bayes' Theorem to a hierarchical or multi-level form

$$f(data \mid process, unknowns_1) \, f(process \mid unknowns_2)$$
$$f(unknowns_1, unknowns_2).$$

What we have done is introduce the process of interest as a component of the modeling and recognize that $unknowns_2$ drive the process and the process, with a further set of $unknowns_1$, drive the data that we observe under the process. The inference we seek is the posterior distribution, $f(process, unknowns_1, unknowns_2 \mid data)$ where, as above, the posterior enables full inference. The form justifies the naming as hierarchical or multi-level.

This expression looks relatively innocuous, but its breadth should not be underestimated. Nothing has been said about the nature of the data specification or the process specification. These can be as rich as data collection justifies, as flexible as the aspects of the process one seeks to capture. We will elaborate this a bit in the next paragraph. It is important to note that both the data specification and the process specification are approximations; they are not «correct». They have uncertainty, they have unknowns. Hopefully, they are useful and, in any event, are supplied anticipating variability in response to inputs.

Elaborating, the joint distribution on the left side is provided in terms of three pieces on the right side. These pieces may be easier to consider/formalize individually rather than thinking about the entire joint distribution. Moreover, each of these pieces can be quite complex. For instance, the relationship between data and process might depend on many things. It might be different for different types of data. For the process model, there may be spatial or temporal aspects that suggest the modeling might depend upon where and when the process occurred. The good news is that we can use appropriate conditioning to capture these aspects in straightforward ways. Advantages of this way of thinking about modeling include: *(i)* the ability to construct complex models from simple conditional relationships. We need not conceptualize an integrated specification for the problem, only the components which will be linked up through directed graphical models – nodes and arrows, *(ii)* we can relax customary requirements that insist on independent data. Conditional independence is enough. We typically introduce dependence at a second or third stage in the modeling which, marginally, introduces association in the data, *(iii)* we can accommodate different data types within the analysis as well as «data» that are output from, say, a computer model, *(iv)* by attaching randomness to what we observe as well as to what we don't observe, we build a fully Bayesian specification. The unification of inference provided by the Bayesian paradigm leads immediately to looking at the posterior distribution of everything that we did not observe given everything that we did. Though such a posterior will be high dimensional and analytically intractable, we can take advantage of the Bayesian computation tools, described briefly above, to fit these models and provide the desired inference.

A particular attraction of this approach is that it allows introduction of all sources of information in prescribing the modeling – mechanistic, theoretical, and empirical (which may have emerged from designed experiments!). A further appeal is flexibility. We anticipate investigating different specifications in order to select an overall model which performs well with regard to both estimation and prediction. The focus changes from a debate over which inferential procedure to adopt to a focus on model development that achieves satisfying integration of knowledge.

Overarching the above is a noteworthy change that has occurred in the data collection landscape as we transitioned to the 21st century. There has been remarkable growth in data collection, with datasets now of enormous size. Also, there has been a change toward examination of observational data, rather than being restricted to carefully-collected, experimentally designed data. By their design, the latter impose restrictions on what process realizations we can expect to see, limiting our ability to satisfactorily understand the process. The former provide unfiltered realizations of the process. As above, this has led to an increased examination of complex systems using such data, requiring synthesis of multiple sources of information (empirical, theoretical, physical, etc.), necessitating the development of multi-level models. Stochastic modeling enables us to supply specifications for these realizations to see how well we can estimate and predict the behavior of the process.

Let me offer a few more words regarding hierarchical or multi-level modeling. This is the world of stochastic modeling in which I am a devoted member! This is the world that has dramatically changed the role of the statistician. This is the world that has fostered team research making the statistician an integral participant in team-based research – a participant in the framing of the questions to be investigated, the determination of data needs to investigate these questions, the development of models to examine these questions, the development of strategies to fit these models, and the analysis and summarization of the resultant inference under these specifications. We have arrived at an exciting new world for modern Statistics.

The range of application for hierarchical modeling runs the scientific gamut noted in the «Introduction», *e.g.,* biomedical and health sciences, economics and finance, environment and ecology, engineering and natural science, political and social science. Hierarchical modeling has taken over the landscape in contemporary stochastic modeling. Though analysis of such modeling can be attempted through non Bayesian approaches, the Bayesian paradigm enables exact inference and proper uncertainty assessment within the given specification. Finally, the computation hurdle has been overcome. MCMC and Gibbs sampling but also sequential importance sampling, particle filters and particle learning, as well as INLA, ABC, and variational Bayes, have unleashed the full power of such modeling.

Hierarchical modeling, as the general formulation above illustrates, is a very broad term that refers to wide range of model specifications. Without formal elaboration, they include random effects models, random coefficient models, variance-component models, mixed effect models, latent variable models, missing data models, and state space models. The key feature is that hierarchical models are statistical models offering a formal framework for analysis with a complexity of structure that matches the system being studied.

In the early days, hierarchical or multi-level modeling referred to «nested» structures, *e.g.*, pupils nested in classes, classes nested within schools or houses nested in neighborhoods, neighborhoods nested within cities. However, nowadays, such modeling is extended to heterogeneity, *e.g.*, in regression forms, *i.e.*, the general relationship. Additionally, they can capture heterogeneity in modeling variances/uncertainty, *e.g.*, variability in house prices varies from neighborhood to neighborhood. They can capture dependent data, that is, potentially complex dependencies in outcomes over time, over space, over context, *e.g.*, house prices within a neighborhood tend to be similar. They can model contextuality – macro relations, *e.g.*, interest rates and gross national product and micro relations, *e.g.*, individual house prices will depend on individual property characteristics, as well as on neighborhood characteristics.

It is worth adding some words connecting Bayesian inference to machine learning. Machine learning usually considers learning approaches, including unsupervised, supervised, semi-supervised, or reinforcement, with application to regression, classification, and clustering.

Initial work was deterministic, doing suitable optimizations of objective loss functions, often with some unknowns fixed, to obtain predictions. It is clear that this is inadequate, that uncertainty is needed. As a result, Bayesian inference plays a crucial role in machine learning by providing a probabilistic framework for reasoning under uncertainty and enhancing model accuracy and interpretability. By explicitly representing dependencies between variables and incorporating probabilistic information, Bayesian networks enable more satisfying modeling of complex systems. This allows machine learning algorithms (as above) to make more informed predictions and decisions. As an example, the much used terminology *deep learning* is based on artificial neural networks, *i.e.,* graphical models (bigger versions of hierarchical models) with many layers (hence the term deep), incorporating suitable inputs and activation.

In this regard, probabilistic machine learning emerged, which essentially meant embedding the foregoing tasks within a probabilistic framework, essentially a Bayesian framework. This has enabled the development of probabilistic performance *guarantees* and *uncertainty quantification,* providing error bounds and distributions for prediction. The result is that Bayesian inference has become essential in modern machine learning and artificial intelligence work, offering a robust methodology for probabilistic reasoning and uncertainty quantification. A very well-done *entrée* into probabilistic machine learning, particularly the deep learning revolution, is presented in the prize-winning text of Kevin Murphy from 2012 (a substantial 1,200 pages) with follow-on in two volumes in 2022 (more than 1,600 pages). Murphy's development is entirely through the unifying lens of probabilistic modeling and Bayesian decision-making.

A last thought here concerns the future of Statistics as a discipline. While Data Science is implicitly driven by Statistics, there is current movement to incorporate Statistics under the umbrella of Data Science, along with fields such as computer science, computer engineering, and informatics. While Statistics plays a vital role in these fields, I feel that it is critical for Statistics to continue to stand alone as a field. What Statistics offers is hypothesis-driven research rather than throwing algorithms at big datasets. It offers the opportunity for careful modeling of complex processes and structures rather than adopting machine learning methodology to see what might fall out. Moreover, not all current research involves terabytes of data. There has to be space for thoughtful investigation of processes where, often, data is inadequate and not enormous (see below).

4. Spatial analysis

Let me turn to my research passion for nearly the last thirty years – analyzing spatial data. The key issue here is that whenever data is collected with some associated spatial referencing it becomes useful to introduce «location» into the analysis. How this should be done depends upon the nature of the spatial data itself but, illustratively, temperature data collected at monitoring sites will be expected to show stronger similarity/correlation at sites closer to each other. Incidence of disease might be expected to be more similar in neighboring areal units than in units far apart. Ignoring this spatial dependence will diminish the effectiveness of a model specification.

I was fortunate to join this research world in time to be a seminal/pioneering builder of the world of Bayesian spatial data analysis. This field was essentially empty, the opportunity was enormous and, in light of the foregoing discussion, Bayesian inference was ideally suited for working with spatial data. To be more specific in this regard, it is unclear what asymptotics would be appropriate for spatial analysis. Does it make sense to think of expanding the study region like expanding the time window with time series data, so-called increasing domain asymptotics? Does it make sense to think of collecting more and more observations within the study region, so-called infill asymptotics? The exact inference provided by the Bayesian paradigm precludes asymptotic concerns.

Furthermore, my niche in the world of spatial data analysis has been the investigation of complex environmental and ecological processes, a setting in which data is almost always spatially-referenced. It is a niche where the data needed to learn about the process is almost always inadequate. Variables that are really most appropriate to learn about relationships are often not available; one does not want to sacrifice an individual! Surrogates are often the best data we can work with. Further, data collection is usually constrained by sampling effort. One will rarely have the resources and the time to completely sample the region of interest. Collaborative model specification with subject matter specialists becomes crucial in order to squeeze out the best story one can with the data that one has. So, in this regard, not only am I comfortable and rewarded with the modeling that I develop, but I can also feel «green».

For spatial data, in essence, there are three spatial data types. One is the case where a set of locations is chosen and then a variable such as temperature or ozone level is recorded at each location. This case is referred to as *geostatistical* data. For example, Figure 1 shows values of an environmental pollutant, particulate matter ($PM_{2.5}$),

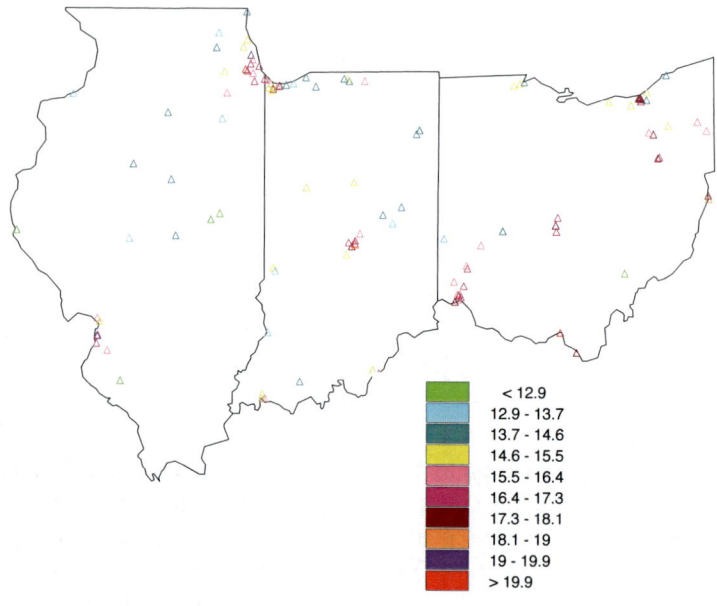

Figure 1. Map of PM$_{2.5}$ sampling sites over three midwestern U.S. states; plotting character indicates range of average monitored PM$_{2.5}$ level over the year 2001.

obtained at monitoring stations in Illinois, Indiana, and Ohio. We see spatial variation in the levels.

A second type involves partitioning a region into areal units and observing a variable at each unit, *e.g.*, incidence of a disease or rate of crime. Such data is referred to as discrete spatial data. For example, Figure 2 shows, for the U.S., average test scores by state for a standardized college entrance test. We see that elevated scores occur in the middle of the country.

The third case considers the set of locations where something was observed as random, *e.g.*, a plant species or a property sale. Such data is referred to as point pattern

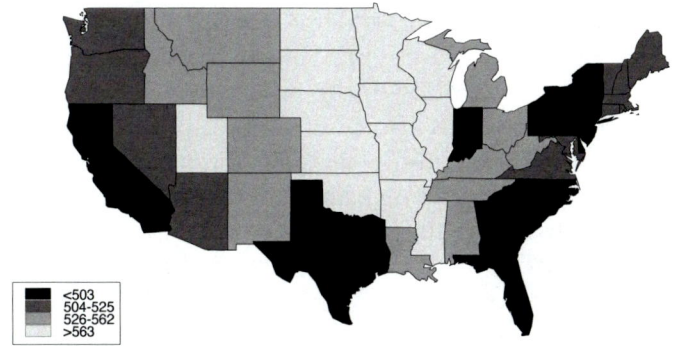

Figure 2. Choropleth map of 1999 average verbal SAT scores, lower 48 U.S. states and the district of Columbia.

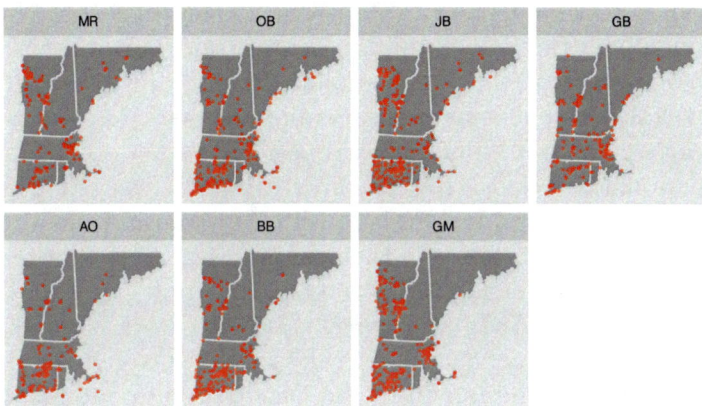

Figure 3. The distribution of locations for seven invasive plant species across New England.

data. For example, Figure 3 shows the point patterns for the distribution of seven invasive plant species in New England in the U.S. We see that the point patterns vary across species.

These examples are intended to illustrate the richness of spatial data. Yet, they barely scratch the surface with regard to the scope of problems where consideration of location vitally increases our ability to learn about a complex process. According to the process, each spatial data type requires its own choice of model specifications. In this regard, I have had the pleasure of working with all of these data types, making contributions to problems including environmental exposure, extremes of weather, species distribution, property sales, wind direction, and fusion of data sources.

5. Conclusion

Let me conclude with some words regarding the special time I have spent in Zaragoza. I came to Spain frequently at the end of the last century and into the new one to attend the internationally famous quadrennial Bayesian Valencia meetings mentioned above. As I noted earlier, Spain is home to a rich past and present of foundational Bayesians. However, my real connection with the country began with my relationship with María Asunción Beamonte, a professor in Facultad de Economía y Empresa at the Universidad de Zaragoza, and now my wife. I began to visit Zaragoza regularly. My early work was with Professor Manuel Salvador, Professor Pilar Gargallo, and Professor Beamonte, all in the Facultad de Economía y Empresa. Our initial work focused on capturing local labor markets in Aragón (Chakraborty *et al.*, 2013). However, our more consequential work investigated the real estate market in Zaragoza. We first examined the change in spatial distribution of residential property sales before and after the economic crisis at the beginning of the 21st century (Paci *et al.*, 2017). Then, we turned to how the randomness in sales locations, in addition to the characteristics of the properties, affected the selling price of properties (Paci *et al.*, 2020). This work was the first effort to investigate the effect of preferential sampling in hedonic modeling, the customary regression specification to explain selling price. During that second decade of the 21st century, I also enjoyed the opportunity to give a short course in spatial data analysis here, as well as to present a public lecture in the Faculty of Economics. I also worked over the course of more than a year with Professor Beamonte and Professor Fernando Pérez Cabello in the Department of Geography and Land Management on post-wildfire vegetation recovery (Paci *et al.*, 2017).

A consequential change in my relationship with the Universidad occurred in 2017 when, through the help of Professor Beamonte, I first connected professionally with Professor Ana Carmen Cebrián, Professor Jesús Asín, and Professor Jesús Abaurrea in the Department of Métodos Estadísticos to begin a research bridge to investigate extreme heat events, under a large project headed by Professor Gerardo Sanz Saiz. This connection has been and continues to be remarkably productive, making major contributions to the development of daily maximum temperature models (Schliep *et al.*, 2021; Castillo-Mateo *et al.*, 2022) extents of extreme heat (Cebrián *et al.*, 2021), quantile behavior of daily maximum temperatures (Castillo-Mateo *et al.*, 2023; Castillo-Mateo *et al.*, 2024) and record-breaking temperatures (Castillo-Mateo *et al.*, 2025). All of this work has appeared in the topmost tier of statistical forums. Along the way, Jorge Castillo Mateo joined the team for his Ph.D., presenting remarkable modeling and computational skill, yielding an award-winning Ph.D. thesis. We continue to be very active, still meeting bi-weekly now after six years. Also related to this work, I had the opportunity to give keynote talks at the annual SEIO (the Spanish Statistical Society) meetings in

Granada and Madrid, as well as at a METMA (International Workshop on Spatio-Temporal Modelling) meeting in Lleida.

In summary, it is difficult for me to describe how proud I am to receive this Doctor Honoris Causa. It is the highest honor that this more than 500 year old university can award, and I am humbled to think that the University has found me worthy. *Otra vez, gracias a todos.*

References

CASTILLO-MATEO, J., A.E. GELFAND, J. ASÍN, A.C. CEBRIÁN, and J. ABAURREA (2023), «Spatial quantile autoregression for season within year daily temperature data», *Annals of Applied Statistics,* 17, pp. 2305-2325.

CASTILLO-MATEO, J., A.E. GELFAND, J. ASÍN, A.C. CEBRIÁN, and J. ABAURREA (2024), «Bayesian Joint Quantile Autoregression», *TEST,* 33, pp. 335-357.

CASTILLO-MATEO, J., Z. GRACIA-TABUENCA, J. ASÍN, A.C. CEBRIÁN, and A.E. GELFAND (2025), «Spatio-temporal modeling for record-breaking temperature events in Spain», *Journal of the American Statistical Association,* 120, pp. 645-657. SEIO-BBVA Applied Statistics paper of the year 2025.

CASTILLO-MATEO, M. LAFUENTE BLASCO, A.E. GELFAND, J. ASÍN, A.C. CEBRIÁN, and J. ABAURREA (2022), «Spatial modeling of day-within-year temperature time series: an examination of daily maximum temperatures in Aragon, Spain», *JABES,* 27, pp. 487-505.

CEBRIÁN, A.C., J. ASÍN, J. CASTILLO-MATEO, A.E. GELFAND, and J. ABAURREA (2024), «Assessing space and time changes in daily maximum temperature in the Ebro basin (Spain) using model-based statistical tools», *International Journal of Climatology,* 43(16), pp. 8036-8051.

CEBRIÁN, A.C., J. ASÍN, E.M. SCHLIEP, J. CASTILLO-MATEO, A.E. GELFAND, M.A. BEAMONTE, and J. ABAURREA (2022), «Spatio-temporal analysis of the extent of an extreme heat event»,

Stochastic Environmental Research and Risk Assessment, 36, pp. 2737-2751.

CHAKRABORTY, A., A.E. GELFAND, M.A. BEAMONTE, M.P. ALONSO, P. GARGALLO, and M. SALVADOR (2013), «Spatial Interaction Models with Individual-level data for Explaining Labor Flows and Developing Local Labor Markets», *Computational Statistics and Data Analysis,* 58, pp. 292-307.

GELFAND, A.E. and A. F.M. SMITH (1990), «Sampling Based Approaches to Calculating Marginal Densities», *Journal of the American Statistical Association,* 85, pp. 398-409. [Reprinted in *Breakthroughs in Statistics*].

MURPHY, K.L. (2012), *Machine Learning: A Probabilistic Perspective,* The MIT Press.

PACI, L., A.E. GELFAND, M.A. BEAMONTE, P. GARGALLO, and M. SALVADOR (2017), «Analysis of residential property sales using space-time point patterns», *Spatial Statistics,* 21, pp. 149-165.

PACI, L., A.E. GELFAND, M.A. BEAMONTE, P. GARGALLO, and M. SALVADOR (2020), «Spatial hedonic modeling adjusted for preferential sampling», *Journal of the Royal Statistical Society, Series A,* 183, pp. 169-192.

PACI, L., A.E. GELFAND, M.A. BEAMONTE, M. RODRIGUES, and F. PÉREZ-CABELLO (2017), «Space-time modeling for post-fire vegetation recovery», *Stochastic Environmental Research and Risk Assessment,* 31(1), pp. 171-183.

SCHLIEP, E., A.E. GELFAND, J. ASÍN, A.C. CEBRIÁN, M.A. BEAMONTE, and J. ABAURREA (2021), «Long-term Spatial Modeling for Characteristics of Extreme Heat Events», *Journal of the Royal Statistical Society, Series A,* 184, pp. 1070-1092.

*Este libro se terminó de imprimir
en los talleres del Servicio de Publicaciones
de la Universidad de Zaragoza
el 14 de octubre de 2025*